水电工程竣工建设征地
移民安置验收关键问题研究

主　编　秦其江

副主编　孟繁范　郑萍伟

中国水利水电出版社
www.waterpub.com.cn
·北京·

内 容 提 要

    本书研究了大型水电工程竣工移民安置验收工作情况，梳理了水电工程竣工移民安置验收现状，分析了制约水电工程竣工移民安置验收工作推进的关键问题，并以雅砻江流域和金沙江流域典型大中型水电工程为例，提出了相关对策及建议。全书共 6 章，主要包括绪论、工程竣工移民安置验收政策规定、工程竣工移民安置验收问题梳理、工程竣工移民安置验收问题分析、工程竣工移民安置验收关键问题处理、结论与建议等内容。

    本书内容全面，层次清晰，分析深入，具有较好的创新性和指导性，可供水电水利工程移民行业的政府管理、规划设计、工程建设管理、工程技术人员和相关专业高校师生参考。

图书在版编目（ＣＩＰ）数据

水电工程竣工建设征地移民安置验收关键问题研究 /
秦其江主编. -- 北京：中国水利水电出版社，2024.2
ISBN 978-7-5226-2091-6

Ⅰ．①水… Ⅱ．①秦… Ⅲ．①水利水电工程－移民安置－研究－中国 Ⅳ．①D632.4

中国国家版本馆CIP数据核字(2023)第245764号

书　　　名	**水电工程竣工建设征地移民安置验收关键问题研究** SHUIDIAN GONGCHENG JUNGONG JIANSHE ZHENGDI YIMIN ANZHI YANSHOU GUANJIAN WENTI YANJIU
作　　　者	主编 秦其江　副主编 孟繁范 郑萍伟
出 版 发 行	中国水利水电出版社 （北京市海淀区玉渊潭南路 1 号 D 座　100038） 网址：www.waterpub.com.cn E-mail：sales@mwr.gov.cn 电话：（010）68545888（营销中心）
经　　　售	北京科水图书销售有限公司 电话：（010）68545874、63202643 全国各地新华书店和相关出版物销售网点
排　　　版	中国水利水电出版社微机排版中心
印　　　刷	天津嘉恒印务有限公司
规　　　格	170mm×240mm　16 开本　8.25 印张　115 千字
版　　　次	2024 年 2 月第 1 版　2024 年 2 月第 1 次印刷
印　　　数	0001—1000 册
定　　　价	**50.00 元**

《水电工程竣工建设征地移民安置验收关键问题研究》

编 委 会

主　　编　秦其江

副 主 编　孟繁范　　郑萍伟

参编人员　张爱博　　黄代利　　崔洪梅　　魏方卓　　石昕川

何明章　　陈鹏飞　　陈　敬　　欧勇胜　　李家明

周术华　　孟　顺　　张　铭　　刘　建　　吴　晓

何生兵　　徐　静　　文良友　　郭瑾瑜　　代　勇

干尚伟　　张　波　　李　涛　　胥天星　　陈中华

潘　飞　　苟艾劫　　吴耀宇　　陈国忠　　闫文益

鞠成涛　　石义生　　金永刚　　陈　兀

主编单位　雅砻江流域水电开发有限公司

参编单位　水电水利规划设计总院

中国电建集团成都勘测设计研究院有限公司

顾问单位　四川省水利厅

序

　　移民安置竣工验收是水电工程竣工验收的重要组成内容，也是最重要、最关键内容之一，是水电工程竣工验收的前置必须完成的工作。做好移民安置竣工验收，既是做好移民安置工作本身的需要，也是完善水电工程建设程序的需要，还是依法移民、依法工程建设的需要。历史上，由于未完成移民安置竣工验收，大部分已完工的水电工程都难以完成工程竣工验收，对水电工程健康发展产生了不利影响。党的十八大以来，水电工程移民安置工作相关各方不断提升政治站位，强化工作责任担当，把做好移民安置各项工作作为"推进国家治理体系和治理能力现代化"的重要抓手和举措，全面开展了移民安置竣工验收的探索。

　　《水电工程竣工建设征地移民安置验收关键问题研究》一书以雅砻江流域和金沙江流域典型大中型水电工程竣工建设征地移民验收工作为基础，立足"移民为本、移民为先"的理念，着眼平衡移民、地方政府和项目法人三方利益，在系统总结和梳理现行移民政策的基础上，分层次、分类别研究了水电工程建设征地移民改革创新举措，提出了新的工作思路。

　　该书系统回顾了移民政策发展历程，对现行工程竣工移民安置验收政策规定进行了全面细致的分析，具体梳理了国家相关政策规定、水电行业相关要求以及四川省和云南省的有关规定，探究了各级政策规定中的共同之处及差异，为水电工程竣工移民安置验收工作提供了理论依据。

第一，该书结合《水电工程建设征地移民安置验收规程》（NB/T 35013—2013）和四川、云南等省现行移民安置验收管理办法等的相关要求，通过深入调研，从验收依据、必备条件、验收范围、验收内容和条件满足度以及验收组织和程序合规合理性等方面，深入分析了制约水电工程竣工建设征地移民安置验收工作推进的关键问题。

第二，该书在全面分析大中型水电工程竣工移民安置验收工作存在的困难和关键问题基础上，创新性地提出了引入验收技术服务模式、理顺验收组织程序、新老项目分期分类处理等具有可操作性的建议和对策，为水电工程竣工建设征地移民安置验收工作提供了新的思路，可供相关验收规程的修订借鉴和参考。

目前，我国针对水电工程建设征地移民政策和管理工作方面系统性、全面性的研究还比较少，该书全面、系统地研究了水电工程建设征地移民安置政策，为工程竣工移民安置验收工作提供了新的思路，具有深厚的理论性和重要的实践性，既可为四川省水利水电工程竣工移民安置验收工作提供理论依据和指导，也可为国家水利水电开发及移民事业提供借鉴和启示，有利于我国水利水电移民政策的完善、移民工作的推进和移民后续的发展。

祝贺该书的出版，也希望更多专家学者共同关注和推进我国水利水电工程竣工建设征地移民安置验收工作的发展。

是为序。

2024 年 1 月

前言

　　近年来，我国一些水电工程相继蓄水发电或基本建设完成，其中，大部分工程已完成了工程截流移民安置验收、工程蓄水移民安置验收，进入工程竣工移民安置验收阶段。一直以来，国家高度关注与重视水电建设中的移民工作，制定了一系列政策法规和管理制度，使得移民工作朝着规范化的方向稳步推进。然而，由于移民工作的复杂性与社会性，随着社会经济的发展，移民工作仍常常面临一些突出问题，例如，部分移民单项工程验收及移交困难、用地批复数据与移民安置实施成果存在差异、移民资金审计工作开展有待规范等，这使得水电工程竣工移民安置验收面临新的挑战。移民安置专项验收是水电工程竣工验收的重要组成部分，也是检验移民安置实施效果和质量的重要手段，更是保障工程依法合规安全运行、移民合法权益以及社会和谐稳定的重要环节。

　　为加快推进水电工程移民安置工作，"水电工程竣工移民安置验收关键问题研究"课题组深入研究了我国水电工程竣工移民安置验收工作的实际情况，以雅砻江流域和金沙江流域水电工程为例，分析了当前工程竣工移民安置验收工作普遍面临的问题，并有针对性地提出了对策与建议。

　　本书是在"水电工程竣工移民安置验收关键问题研究"课题成果基础上总结提炼而成的，编委会讨论确定书名为《水电工程竣工建设征地移民安置验收关键问题研究》。全书共6章，第1章为绪论，介绍研究背景、研究目的、研究的必要性、研究范围、研究方法与过程、研究内容以及取得的主要成果及创新；第 2 章为工程竣工移民安置验收政策规定，主要包括国家相关规定、行业相关要求以及地方有关规定等；第 3 章为工程竣工移民安置验收问题梳理，主要从验收依据、验收文件、验收范围、验收内容、验收组织和程序五个方面，分析梳理出工程竣工移民安置验收存在的问题；第 4 章为工程竣工移民安置验收问题分析，主要从验收依据充分性、必备文件齐备性、验收范围确定性、验收内容和条件满足度、验收组织和程序合规合理性等方面进行了阐述；第 5 章为工程竣工移民安置验收关键问题处理，分别从具体的问题出发，提出了解决问题的思路和方法；第 6 章为结论与建议。本书具有较好的创新性和指导性，可供水电水利工程移民行业的政府管理、规划设计、工程建设管理、工程技术人员和相关专业高校师生参考。

在本书编写过程中，得到了四川省水利厅、云南省搬迁安置办公室、华能澜沧江水电股份有限公司、华电云南发电有限公司、雅砻江流域水电开发有限公司、水电水利规划设计总院以及中国电建集团成都勘测设计研究院有限公司等单位的大力支持，在此表示感谢。

由于编者时间有限，疏漏和不妥之处在所难免，敬请读者批评指正。

编者

2023 年 10 月

目录

第1章

绪　　论

1.1　研究背景

1.1.1　水电工程移民安置验收基本情况

据不完全统计，截至 2022 年年底，我国常规水电总装机容量达到 41300 万 kW，已建常规水电装机技术开发比例为 47.3%，常规水电装机占全国发电总装机容量的 17.6%。2022 年，我国常规水电发电量 13522 亿 kW·h，占全国发电量的 15.3%，水电装机和发电量均稳居世界第一。水电工程规模大、涉及人口多，对移民区及移民安置区的社会经济发展具有较大的影响。

我国早期开工建设的水电工程已相继蓄水发电或基本建设完成，大部分已完成了工程截流移民安置验收、工程蓄水移民安置验收，进入工程竣工移民安置验收阶段。

从目前的情况来看，绝大多数水电工程尚未完成工程竣工移民安置验收工作。以四川省为例，大型水电站中仅有龙头石、江边、官地、沙坪二级 4 座水电站已完成工程竣工移民安置验收，其他早已蓄水发

1

电的水电站均未完成工程竣工移民安置验收，如二滩、溪洛渡、瀑布沟、锦屏一级、桐子林等水电站。具体以雅砻江流域为例，雅砻江干流全长 1571 km，共规划了 22 级水电站，总装机容量约 3000 万 kW，其中两河口、锦屏一级、二滩 3 座水电站为控制性水库工程。在规划的 22 级水电站中，已建成投产 7 座，在建 3 座，拟建 12 座；7 座已建成投产的水电站移民安置工作基本完成，3 座在建水电站移民安置工作正有序推进；完成移民安置工作的 7 座水电站已完成了工程截流移民安置验收和工程蓄水移民安置验收工作，除官地水电站已完成工程竣工移民安置验收外，锦屏一级、锦屏二级、桐子林和二滩 4 座水电站由于种种原因尚未完成工程竣工移民安置验收工作。

1.1.2　工程竣工移民安置验收的重要性

移民安置验收是水电工程竣工验收的重要组成部分，也是检验移民安置实施效果和质量的重要手段，更是保障移民合法权益、工程安全运行、库区经济可持续发展和社会和谐稳定的重要环节。因此，加快推进工程竣工移民安置验收是完成当前移民安置工作的迫切要求。工程竣工移民安置验收的必要性主要表现在以下几个方面：

（1）国家相关政策规定及水电工程建设程序的要求。我国相关政策规定明确要求，水电工程应适时开展工程竣工移民安置验收工作。例如，《国家能源局关于印发水电工程验收管理办法的通知》（国能新能〔2011〕263 号）第三条规定"水电工程验收包括阶段验收和竣工验收，工程竣工验收在枢纽工程、移民安置……的基础上进行"；《大中型水利水电工程建设征地补偿和移民安置条例》（国务院令第 471 号颁布、国务院令第 679 号修订）规定"移民安置达到阶段性目标和移民安置工作完毕后，省、自治区、直辖市人民政府或者国务院移民管理机构应当组织有关单位进行验收。移民安置未经验收或者验收不合格的，不得对大中型水利水电工程进行阶段性验收和竣工验收"。从上述政策规定可以看出，国家相关政策要求在移民安置完毕后进行验收，且将移民安置验收作为工程验收的前提条件。

（2）地方政府实施管理的需要。水电工程移民安置工作实行"政府领导、分级负责、县为基础、项目法人参与"的管理体制，地方人民政府作为工作主体、责任主体、实施主体，负责本行政区域内大中型水利水电工程建设征地移民安置工作的组织、领导和协调，移民安置工作的质量和实施效果直接关系到本行政区域内社会经济的和谐与稳定。组织开展工程竣工移民安置验收工作，可以全面检验各级地方政府是否将法律法规、政策要求以及移民安置规划设计成果全面落实到移民安置实施工作中，是否依法合规充分保障移民群众的合法权益。

（3）项目法人履行义务的需要。一方面，项目法人通过一定的投入消除了水电工程建设对当地社会经济带来的不利影响，工程竣工移民安置验收工作完成后，表明项目法人承担的义务已按规定履行完成；另一方面，工程竣工验收后，移民群众受水电工程建设的影响基本得到消除，其身份由"移民"变为普通的社会居民，不再具有特殊身份，这有利于水电工程的安全顺利运行。

（4）移民合法利益保障的需要。开展工程竣工移民安置验收就是要检验移民安置工作的全过程是否根据国家政策规定、审定的规划设计成果实施，移民安置工作是否符合国家要求，移民安置效果是否达到规划目标和相应标准，移民的生产生活水平是否得到恢复并提高，移民的长远生计是否得到解决等。因此，工程竣工移民安置验收作为一种手段和途径，有利于保障移民群众合法权益、促进移民安置实施。

1.2　研究目的

首先，通过梳理国家、行业以及四川省和云南省的相关政策、法规对于工程竣工移民安置验收的要求，结合四川省和云南省工程竣工移民安置验收实践案例，对工程竣工移民安置验收工作中存在的困难和问题进行深入剖析，梳理出制约工程竣工移民安置验收工作开展的重难点因素及关键问题，进而分析其产生的原因以及可能造成的后果。然后，在此基础上，提出顺利推动工程竣工移民安置验收工作的对策措施和相关建议，以供移民管理机构、项目法人等单位进行参考借鉴，从而提高工程竣工移民安置验收的效率和质量，促进流域水电工程项目竣工验收，使得项目依法合规安全运行。通过研究，期望实现以下三个方面的目标：

（1）提出解决工程竣工移民安置验收关键问题的措施建议，为移民安置工作全面转入后期扶持、后续发展奠定基础。

（2）分析水电工程移民安置验收相关规程规范及管理文件的施行效果，为促进工程竣工移民安置验收和水电工程竣工验收的顺利开展以及修订完善相关规程规范，提供理论参考并创造有利条件。

（3）提出完善水电工程运行管理体系、优化电站运行管理、促进流域水电开发健康绿色有序发展的措施和建议。

1.3　研究必要性

由于历史遗留问题、新出现问题交织等因素制约，工程竣工移民安置验收的部分问题难以解决，大量水电工程项目竣工验收难以满足国家、各省、行业现行的验收管理要求，导致个别项目出现"在验收中协商解决问题、在解决问题中推进验收"的艰难局面。目前，通过竣工验收的水电工程项目很少，竣工验收周期因此变长，甚至发生多次难以通过验收的情况。下面对移民安置工作中一些具体情况进行阐述：

（1）工程竣工移民安置验收推进难，影响工程竣工验收进程。

截至 2022 年年底，国内大型水电工程已完成竣工验收的较少，大量已建水电站主体工程基本具备竣工验收条件，但因移民安置未完成验收，从而难以及时推进水电工程的竣工验收工作。西南地区部分水电工程虽已开展工程竣工移民安置验收工作，但受历史遗留问题的制约，至今仍未全部顺利完成工程竣工移民安置验收工作，从而导致建设成本核算困难、项目长期挂账、难以全部转列固定资产，甚至直接影响电站项目法人的一系列财务指标等问题，给水电工程项目法人单位正常的经营活动带来影响。

（2）部分老项目难以满足现行的工程竣工移民安置验收要求，验收困难。

按照国家能源局发布的《水电工程建设征地移民安置验收规程》（NB/T 35013—2013）和四川省、云南省现行的移民安置验收管理办法，一些年代久远的水电工程项目移民安置工作存在难以弥补的缺陷，难以满足现行的工程竣工移民安置验收要求，如手续不全、未开展阶段性验收、移民档案不完整、移民规划报告缺失、移民工程已损毁等。如果严格按照现行管理规定开展工程竣工移民安置验收，将导致相关工作难以顺利推进。

（3）按照移民安置规划开展工程竣工移民安置验收存在困难。

受移民安置实施周期长、政策变化大、相关方多等因素影响，实施阶段移民安置设计变更多，难以按审定的移民安置规划开展竣工验收工作。部分项目针对实施中的变更情况编制了移民安置规划调整报告，解决了部分设计方案变更、概算增加等问题，但部分项目仍未编制移民安置规划调整报告，难以按照审批的移民安置规划开展工程竣工移民安置验收工作。

（4）单项移民工程竣工验收推进难，影响工程竣工移民安置验收。

移民工程属于"还建"性质，但由于在实施过程中受实施主体、项目审批、建设管理等因素的影响，部分移民工程建成后很难履行竣工验收及移交程序。同时，部分移民工程为库区新建项目，缺少运行维护费用，暂未完成工程竣工验收移交管理。移民工程作为移民安置的重要构成部分，移民单项工程的竣工验收是开展工程竣工移民安置验收的前置条件。积极推进工程竣工移民安置验收工作，可有效改善移民单项工程运行现状，确保已建成的移民工程依法合规投入使用，社会效益得到正常发挥。

从以上分析可以看出，水电工程竣工移民安置验收工作任重而道远。为提高竣工验收工作效率和效果，切实推进移民安置验收进程，促进水电工程竣工移民安置验收目标的实现，使移民权益有保障、库区社会和谐稳定、项目依法合规运行，开展水电工程竣工移民安置验收关键问题的研究是非常有必要的。

1.4 研究范围

本书对全国大型水电工程竣工移民安置验收工作情况进行梳理研究，重点以雅砻江流域和金沙江流域大中型水电工程为例，通过梳理现行政策规定和流域工程竣工移民安置验收工作开展情况，从验收依据、必备文件、内容和条件、组织和程序、实施管理等方面进行研究，分析制约工程竣工移民安置验收工作推进的关键问题及解决措施、路径，提出工作层面或政策修订方面的建议。

1.5 研究方法与过程

1.5.1 研究方法

本书主要采取资料收集、访谈、调研、多层次研讨会等方式和途径开展研究。首先，通过资料收集，整理出移民安置验收工作的总体情况以及竣工验收的相关依据性文件。以四川省官地水电站以及云南省龙开口和鲁地拉等已完成工程竣工移民验收的水电站作为典型案例，进行调研访谈并召开研讨会，充分听取各方面的意见，对现有移民验收工作进行综合研究。然后，采用定性分析与定量分析相结合、内因与外因相结合、专家顾问支持等方法，对工程竣工移民安置验收中存在的问题进行分析，进而提出规范工程竣工移民安置验收工作的建议，以及推进工程竣工移民安置验收工作的对策。

　　本书主要在收集资料和外业调研基础上开展具体的研究工作。首先，对工程竣工移民安置验收政策现状进行梳理；其次，对工程竣工移民安置验收工作现状进行总结；然后，在上述分析的基础上，从验收依据类、必备文件类、验收内容和条件类、验收组织程序类、实施管理类、其他类六个类别分别分析研究工程竣工移民安置验收关键问题相关内容；最后，提出了实施管理分析与评价和关键问题的对策和建议。

1.5.2　研究过程

　　2020 年 6 月，水电水利规划设计总院、雅砻江流域水电开发有限公司、中国电建集团成都勘测设计研究院有限公司成立了课题组。根据工作任务及工作计划，启动了该项研究工作，并编制完成了研究工作大纲和调研方案。

　　2020 年 9 月，水电水利规划设计总院、雅砻江流域水电开发有限公司、中国电建集团成都勘测设计研究院有限公司相关人员组成联合调研工作组，就水电工程竣工移民安置验收关键问题研究到雅砻江下游进行了现场调研及座谈。

　　2022 年 3 月，课题组编制完成《水电工程竣工移民安置验收关键问题研究报告》（咨询稿），并进行咨询。

　　2022 年 7 月，四川省水利厅、云南省搬迁安置办公室、水电水利规划设计总院、雅砻江流域水电开发有限公司、华能澜沧江水电股份有限公司、华电云南发电有限公司、中国电建集团成都勘测设计研究院有限公司、中国电建集团华东勘测设计研究院有限公司、中国电建集团昆明勘测设计研究院有限公司、中国电建集团西北勘测设计研究院有限公司等单位相关人员组成联合调研工作组，到金沙江中游龙开口、鲁地拉、梨园等水电站现场开展了工程竣工移民安置验收调研及座谈。

2022 年 10 月，课题组在前期咨询成果及补充调研的基础上，修改完成《水电工程竣工移民安置验收关键问题研究报告》（送审稿），并通过甲方组织的审查验收。会后课题组根据审查意见修改完善形成《水电工程竣工移民安置验收关键问题研究报告》（审定本）。

2023 年 2 月，本书编委会在《水电工程竣工移民安置验收关键问题研究报告》（审定本）基础上提炼形成初稿；5 月，编委会进行了集中讨论；7 月，通过甲方组织的验收，经修改完善后形成了本书。

1.6 主要研究内容

本书对全国大型水电工程竣工移民安置验收工作情况进行梳理，结合国内已完成工程竣工移民安置验收工作的水电工程的经验，全面分析雅砻江流域和金沙江流域典型大中型水电工程移民安置验收工作总体情况，主要研究内容包括以下几个方面：

（1）回顾移民政策发展历程，对现行工程竣工移民安置验收政策规定进行全面细致的分析。具体梳理了国家相关政策规定、水电行业相关要求以及四川省、云南省的有关规定，探究各级政策规定中的共同之处及差异，为水电工程竣工移民安置验收工作提供系统的政策依据。

（2）从国家、地方及流域等不同层次对水电工程竣工移民安置验收工作进行了总体概括，梳理其存在的主要问题，并形成问题清单。

（3）结合验收规程相关内容分别从验收依据、必备文件、验收范围确定、验收内容和条件、验收组织和程序等不同角度，对水电工程竣工移民安置验收问题进行分析，在对案例调研分析整理的基础上，对照分析验收政策规定要求的符合度及存在的困难。

（4）基于提出的问题清单，从中甄别出制约水电工程竣工移民安置验收工作推进的关键问题，并对具体问题进行背景分析，从而提出解决问题的对策与建议。

1.7　研究成果和创新

本书全面分析了大中型水电工程竣工移民安置验收工作中存在的困难和关键问题，创新性地提出了引入验收技术服务模式、理顺验收组织程序、新老项目分期分类处理、不再将工程手续办理作为工程竣工移民安置验收必备条件等对策，为水电工程竣工移民安置验收工作提供了新的思路，为验收规程的修订提供借鉴和参考，主要创新点如下：

（1）结合国家和四川、云南等省现行移民安置验收管理办法和《水电工程建设征地移民安置验收规程》（NB/T 35013—2013）的相关要求，通过深入调研，对工程竣工移民安置验收工作中存在的关键问题和成因进行了分析，提出了具有可操作性的对策和建议。

（2）从依法依规、实事求是的角度，提出了采用分期分类处理方式来解决新老项目工程竣工移民安置验收工作的建议。

（3）提出了由项目法人委托第三方审计单位开展移民安置资金审计工作的建议。

（4）提出了单项工程竣工验收按资金来源途径设置验收剩余条件的建议。

（5）提出了由村集体经济组织按照相关规定自行分配使用剩余土地补偿费和安置补助费（以下简称"土地两费"）的意见。

（6）提出了根据企事业单位处理方式的不同采用不同验收条件的建议。

（7）提出了引进第三方技术服务单位进行验收技术把关的验收组织思路。

（8）提出了由省政府或省级移民主管部门制定下达工程竣工移民安置验收工作任务和计划，统一部署后自下而上推动工程竣工移民安置验收工作的组织程序建议。

第2章

工程竣工移民安置验收政策规定

2.1 国家相关规定

根据《大中型水利水电工程建设征地补偿和移民安置条例》（国务院令第 471 号颁布、国务院令第 679 号修订）、《国家能源局关于印发〈水电工程验收管理办法〉（2015 年修订版）的通知》（国能新能〔2015〕426 号）等国家层面的相关政策，梳理了现行政策规定对水电工程竣工移民安置验收的要求，并了解全国关于工程竣工移民安置验收方面的主要做法和经验。

（1）2006 年 9 月、2017 年 6 月施行的《大中型水利水电工程建设征地补偿和移民安置条例》（国务院令第 471 号颁布、国务院令第 679 号修订）第三十七条明确指出"移民安置达到阶段性目标和移民安置工作完毕后，省、自治区、直辖市人民政府或者国务院移民管理机构应当组织有关单位进行验收；移民安置未经验收或者验收不合格的，不得对大中型水利水电工程进行阶段性验收和竣工验收。"

（2）2022 年 11 月，国家层面出台《水利部关于印发〈大中型水利水电工程移民安置验收管理办法〉的通知》（水移民〔2022〕414

号），对验收组织、验收依据、验收内容等做出了规定，明确了验收条件、验收程序，规范了验收行为。主要内容如下：

1）明确工程竣工移民安置验收分类。移民安置验收分为工程阶段性移民安置验收和工程竣工移民安置验收。工程阶段性移民安置验收又分为枢纽工程导（截）流、水库下闸蓄水（含分期蓄水）等阶段。

2）明确工程竣工移民安置验收的组织。移民安置验收是按照自验、初验、终验的顺序自下而上组织进行。移民安置验收主持单位负责监督指导移民安置自验、初验工作，并组织移民安置终验。与项目法人签订移民安置协议的地方人民政府会同项目法人负责组织移民安置初验。移民区和移民安置区县级人民政府负责组织移民安置自验。移民安置工作仅涉及一个县级行政区域的，移民安置初验可以与自验合并进行。

对验收委员会的组建进行了细化规定，移民安置验收组织或者主持单位应当组织成立验收委员会。验收委员会由验收组织或者主持单位、项目主管部门、有关地方人民政府及其移民管理机构和相关部门、项目法人、移民安置规划设计单位、移民安置监督评估单位，以及其他相关单位的代表和有关专家组成。验收委员会主任委员由移民安置验收组织或者主持单位代表担任。

3）明确工程竣工移民安置验收的依据。移民安置验收依据包括国家有关法律、法规、规章、政策和标准；经批准的移民安置规划大纲、工程可行性研究报告（以下简称"可研报告"）和初步设计报告中的移民安置规划，移民安置实施设计文件以及规划设计变更和概算调整批准文件，移民安置年度计划；项目法人与地方人民政府或者其规定的移民管理机构签订的移民安置协议。

4）明确工程竣工移民安置验收的内容。移民安置验收内容主要包括农村移民安置、城市集镇迁建、工矿企业迁建或者处理、专项设施迁建或者复建、防护工程建设、水库库底清理、移民资金使用管理、移民档案管理、水库移民后期扶持政策落实措施、建设用地手续办理等。

5) 明确工程竣工移民安置验收的条件。工程竣工移民安置验收需满足以下条件：①征地工作已经完成；②移民已经完成搬迁安置，移民安置区基础设施建设已经完成，农村移民生产安置措施已经落实；③城市集镇迁建、工矿企业迁建或者处理、专项设施迁建或者复建已经完成并通过主管部门验收；④水库库底清理工作已经完成；⑤征地补偿和移民安置资金已经按规定兑现完毕；⑥编制完成移民资金财务决算，资金使用管理情况通过政府审计；⑦移民资金审计、稽察和阶段性验收提出的主要问题已基本解决；⑧移民档案的收集、整理和归档工作已经完成，并满足完整、准确和系统性的要求。

6) 明确工程竣工移民安置验收的程序。分别对自验、初验和终验的工作程序进行了细化规定，例如，移民区和移民安置区县级人民政府应当按照移民安置验收工作计划组织开展移民安置自验工作，移民区和移民安置区县级人民政府应当在自验通过之日起 30 个工作日内，向移民安置初验组织单位提出初验申请，移民安置初验组织单位应当在初验通过之日起 30 个工作日内，向移民安置验收主持单位提出移民安置终验申请。

（3）2015 年 11 月，国家能源局印发实施《水电工程验收管理办法》（2015 年修订版），要求"工程竣工验收在枢纽工程、移民安置、环境保护、水土保持、消防、劳动安全与工业卫生、工程决算和工程档案专项验收的基础上进行"。

在《大中型水利水电工程建设征地补偿和移民安置条例》（国务院令第 679 号）以及《水利部关于印发〈大中型水利水电工程移民安置验收管理办法〉的通知》（水移民〔2022〕414 号）出台后，国内大中型水电工程竣工移民安置验收工作程序和内容逐步明晰和规范，尤其是《水利部关于印发〈大中型水利水电工程移民安置验收管理办法〉的通知》（水移民〔2022〕414 号）对验收组织、验收依据、验收内容、验收条件、验收程序进行了明确，强化了验收责任，规范了验收范围，加强了验收管理，促进了水电工程建设的顺利进行。

2.2 行业相关要求

根据《水电工程建设征地移民安置验收规程》（NB/T 35013—2013）、《水利水电工程移民安置验收规程》（SL 682—2014）以及《水利水电工程移民档案管理办法》（档发〔2012〕4 号）等相关规程规定，梳理了现行政策规定对水电工程竣工移民安置验收的要求。

（1）《水电工程建设征地移民安置验收规程》（NB/T 35013—2013）中，对水电工程移民安置验收的主要依据和必备文件、工作组织、步骤和内容，以及工程竣工移民安置验收应具备的条件等进行了规定，主要内容如下：

1）对水电工程竣工移民安置验收主要依据和必备资料进行了规定：①明确验收主要依据包括国家有关法律、法规，相关行业有关技术标准，省级人民政府有关政策规定，批准的移民安置规划设计文件及相关批复文件，批准的移民安置规划（调整）、设计变更文件及相关批文，签订的移民安置协议等；②明确竣工验收必备资料包括县级以上人民政府及有关单位提供的移民安置实施工作报告，水电工程项目法人提供的移民安置工作报告，移民安置综合监理提供的移民安置综合监理工作报告，移民安置独立评估单位提供的移民安置独立评估工作报告，主体设计单位提供的移民安置设计工作报告及其他综合设计文件，以及相关部门（单位）提供的移民资金审计结果报告。

2）对水电工程竣工移民安置验收工作组织、步骤和内容进行了规定：①明确验收工作组织，即移民安置验收工作由省级人民政府组织，验收前应成立验收委员会，并设主任委员单位和副主任委员单位等；②明确验收工作步骤，即移民安置验收应按验收准备、工作检查、验收会议等步骤开展工作，由与项目法人签订移民安置协议的地方政府逐级向省级人民政府提出移民安置验收请示，省级人民政府明确验收主任委员单位开展移民安置验收工作。验收主任委员单位根据项目实际情况，组织成立验收委员会，确定副主任委员和成员单位等，验收委员会应组织开展现场检查工作，主任委员单位主持召开验收工作会议，验收委员单位向省级人民政府上报移民安置验收报告；③明确工程竣工移民安置验收内容，包括范围复核处理情况、实物指标落实情况、农村移民安置规划实施完成情况、城市集镇迁建规划实施完成情况、专业项目处理规划实施完成情况、机关和企事业单位处理情况、水库库底清理实施完成情况、移民资金实施完成情况、移民安置档案建设及管理情况、移民后期扶持开展情况、移民资金审计情况和审计结果等。

3）对水电工程竣工移民安置验收争议处理进行了规定。明确移民安置验收报告的结论应有不少于三分之二验收委员会成员同意，达不到三分之二验收委员会成员同意通过验收的，不能通过验收，验收委员会成员必须在验收成果文件上签字。

4）对水电工程竣工移民安置验收的条件进行了规定。明确移民安置验收应具备的条件包括核准（审批）的移民安置规划中明确的移民安置任务全部完成，移民补偿补助费用、城市集镇及居民点基础设施和公共设施补偿费用、专业项目处理补偿费用全部兑付到位，机关和企事业单位全部处理完毕，经独立评估后移民安置目标已实现，移民安置实施工作档案建设和管理符合要求，已按规定执行移民后期扶持政策。

5）对水电工程竣工移民安置验收成果进行了规定。移民安置验收主要成果包括水电工程竣工移民安置验收报告、水电工程竣工移民安置验收专家组意见，主要附件包括水电工程竣工验收移民安置设计工作报告、水电工程竣工验收移民安置实施工作报告、项目法人水电工程竣工验收移民安置工作报告、水电工程竣工验收移民安置综合监理工作报告和水电工程竣工验收移民安置独立评估工作报告等。

（2）《水利水电工程移民安置验收规程》（SL 682—2014）中，对水利水电工程移民安置验收组织、验收条件、验收程序、验收内容和标准、验收方法与评定等进行了规定，主要内容如下：

1）对工程竣工移民安置验收组织进行规定。明确移民安置验收应按自验、初验、终验顺序，自下而上组织进行；移民安置验收的自验、初验和终验的组织或者主持单位，均应组织成立相应的验收委员会，负责移民安置验收工作。

2）对工程竣工移民安置验收条件进行规定。工程竣工移民安置验收应满足的条件包括移民已完成搬迁安置，移民安置区基础设施和公共服务设施建设已完成，农村移民生产安置措施已落实，城市集镇迁建、工矿企业迁建或者处理、专项设施迁建或者复建已完成并通过主管部门验收等，征地补偿和移民安置资金已按规定兑付完毕，移民资金财务决算编制已完成，资金使用管理情况已通过政府审计。

3）对工程竣工移民安置验收程序进行规定。明确移民安置验收前，项目法人应会同与其签订移民安置协议的地方人民政府编制移民安置验收工作计划等，移民安置验收组织和主持单位应按移民安置验收工作计划组织开展验收工作，移民安置自验、初验、终验均应形成验收报告，移民安置验收组织或主持单位应在移民安置验收通过之日起30个工作日内将移民安置验收报告印送有关单位。

4）对工程竣工移民安置验收内容和标准进行规定。明确移民安置验收内容包括农村移民安置、城市集镇迁建、工矿企业迁建或处理、专项设施迁建或复建、防护工程建设、水库库底清理、移民资金使用管理、移民档案管理等类别，并对各阶段移民安置验收的标准进行细化。在工程竣工移民安置验收工作中，农村移民安置验收合格应达到的标准包括移民全部完成搬迁、住房建设已完成、安置点基础设施和公共服务设施建设已按批准的移民安置规划建设完成。

5）对工程竣工移民安置验收方法和评定进行规定：①明确移民安置自验应在单项工程竣工验收和移民安置工作全面自查的基础上，对农村移民安置、城市集镇迁建、工矿企业迁建或处理、专项设施迁建或复建，逐户、逐项全面检查验收；明确移民安置初验应对自验成果进行抽样调查，抽样可采取随机抽样和偏好抽样；移民安置终验应对初验成果进行抽样检查，抽样可采取随机抽样和偏好抽样。终验抽查的移民户（项目）与初验抽查的移民户（项目）重叠率不应超过70%；②明确移民安置自验、初验和终验均按合格、不合格两个等级评定，如工程阶段性移民安置验收时，农村移民安置、城市集镇迁建、工矿企业迁建、专业设施迁建或复建、移民档案管理等八类验收均达到合格标准，验收评定为合格，否则，验收评定为不合格。

6）对工程竣工移民安置验收监督进行规定。国务院水行政主管部门负责全国大中型水利水电工程移民安置验收工作的管理和监督；省级人民政府或其规定的移民管理机构负责本行政区域内水利水电工程移民安置验收工作的管理和监督。移民安置验收监督包括验收工作是否及时、验收条件是否具备、验收人员组成是否合理、验收提出的问题是否及时整改等。

（3）2012 年 4 月，《水利水电工程移民档案管理办法》（档发〔2012〕4 号）提出移民档案验收是移民安置验收的重要组成部分，要求在工程竣工移民安置验收时，应同步验收移民档案。凡移民档案验收不合格的，不得通过移民安置验收。

2.3 地方相关规定

2.3.1 四川省相关规定

2015 年，四川省出台《四川省大中型水利水电工程移民安置验收管理办法》（川扶贫移民发〔2015〕206 号），对移民安置主要依据和必备文件、验收范围和内容、验收条件、验收组织和程序等进行了明确规定。2016 年 9 月，四川省出台了《四川省大中型水利水电工程移民工作条例》（NO：SC122711），进一步强调了移民安置验收的重要性，即"移民安置验收按照截流、蓄水阶段性验收和竣工验收进行。

市（州）、县（市、区）人民政府根据各阶段移民安置任务完成情况，逐级上报省人民政府或者其委托的有关部门组织验收……，移民安置未经验收或者验收不合格的，不得对大中型水利水电工程进行截流验收、蓄水验收和竣工验收"。

2018年11月，四川省修订出台了《四川省大中型水利水电工程移民安置验收管理办法（2018年修订）》（川扶贫发〔2018〕15号），进一步对移民安置验收的主要依据和必备文件、验收范围和内容、验收条件、验收组织和程序等进行了细化规定，用以进一步规范和指导四川省大中型水利水电工程移民安置验收工作的顺利开展。主要内容如下：

（1）移民安置验收的总则。明确移民安置验收分为截流、蓄水阶段性验收和竣工验收，并按顺序组织开展。省人民政府移民管理机构根据省人民政府授权，组织全省大中型水利水电工程移民安置验收工作。

（2）明确验收主要依据，包括以下内容：

1）国家颁布的有关法律、法规、规章、政策和标准。

2）四川省颁布的有关法规、规章、政策和标准。

3）批准的移民安置规划大纲、移民安置规划报告、移民安置设计变更文件、移民安置规划调整报告以及相关批文。

4）签订的移民安置协议。

5）下达的移民安置年度计划。

6）其他移民安置相关文件。

（3）验收必备文件，包括以下内容：

1）市（州）人民政府向省人民政府申请验收的请示及省人民政府的交办通知。

2）县（市、区）人民政府提交的移民安置实施工作报告。

3）项目法人提交的移民安置工作报告。

4）移民安置综合设计（设代）单位提交的移民安置设计工作

报告。

5）移民安置监督评估（综合监理、独立评估）单位提交的移民安置监督评估（综合监理、独立评估）工作报告。

6）蓄水阶段验收市（州）人民政府应提交蓄水阶段移民安置的社会稳定风险评估报告。

7）竣工验收应提交移民安置资金审计报告。

（4）移民安置验收内容，包括以下内容：

1）农村移民安置和生产生活恢复情况。

2）城市集镇迁建情况。

3）工矿企业迁建或补偿情况。

4）专项设施（含防护工程）迁（复）建情况。

5）移民安置环境保护措施实施情况。

6）新增滑坡塌岸处理情况。

7）库底清理情况。

8）移民资金拨付、使用情况。

9）手续办理情况。

10）移民档案建设和管理情况。

11）移民安置资金审计情况。

12）移民后期扶持政策和措施的落实情况。

（5）工程竣工移民安置验收条件。工程竣工移民安置验收应具备的条件为：按照审定的移民安置规划或调整规划全面完成移民搬迁安置任务。

1）农村移民房屋建设全面完成并入住，生产安置已全面落实，生产生活水平达到规划目标。

2）城市集镇居民房屋建设全面完成并入住，基础设施、公共设施建设全面完成并通过竣工验收。

3）专项设施建设全面完成并通过竣工验收。

4）企业迁建或补偿全面完成。

5）防护工程建设全面完成并通过竣工验收。

6）征用土地复垦任务已完成并验收合格。

7）新增滑坡塌岸处理工作完成。

8）库底清理工作完成。

9）移民安置资金已全部拨付到位并通过审计。

10）移民资金审计、稽察和工程阶段性移民安置验收提出的主要问题已解决。

11）无群体性矛盾和问题，对已经和可能出现的矛盾和问题，有相应的解决措施和稳控预案。

12）移民后期扶持政策已落实。

13）建设征地已经批准。

14）移民档案建设和管理符合要求。

（6）验收组织。水电工程移民安置验收分为自验和验收两部分。自验由移民区和移民安置区县（市、区）人民政府组织，市（州）人民政府及其移民管理机构负责指导和监督。验收由省人民政府移民管理机构根据省人民政府交办通知组织。

明确了终验（验收）委员会组建的相关要求，水利水电工程移民安置终验（验收）前，省人民政府移民管理机构组织成立终验（验收）委员会，终验（验收）委员会由主任委员、副主任委员和委员单位组成。主任委员单位为省人民政府移民管理机构，副主任委员单位为省政府办公厅，移民安置终验（验收）委员会组织成立专家组，专家组组长为终验（验收）委员会成员。

（7）验收程序。

1）水电工程移民安置自验。项目法人向县（市、区）人民政府提出验收申请。县（市、区）人民政府征求移民对开展验收工作的意见，组织项目法人、综合设计（设代）、综合监理、独立评估等单位进行自验。自验通过后，县（市、区）人民政府逐级报请省人民政府验收。

　　2）水利水电工程移民安置终验（验收）。省人民政府移民管理机构收到省人民政府交办通知后，组织开展移民安置终验（验收）前移民安置实施情况现场检查。具备验收条件的，启动验收；不具备验收条件的，终止验收。终验（验收）委员会编制终验（验收）工作大纲（方案）、组织现场检查、召开验收会议，听取县级人民政府、项目法人、综合设计（设代）、监督评估等单位的工作报告，专家组形成验收专家组意见，终验（验收）委员会经会议讨论形成验收报告。验收中发现的问题，由终验（验收）委员会协商处理，主任委员单位对争议问题有裁决权。验收报告应经三分之二以上的终验（验收）委员会单位代表同意。终验（验收）委员会各单位代表对验收报告签署意见。对验收报告持不同意见的，应在验收报告中明确记录。

2.3.2　云南省相关规定

　　2016 年 8 月，云南省移民开发局印发了《云南省大中型水利水电工程移民安置验收管理办法》（云移发〔2016〕137 号）。该办法规范了验收的组织和程序、验收依据和必备文件、验收范围和内容、验收条件、验收结论及应用，主要内容如下：

　　（1）总则。该办法要求大中型水利水电工程在工程截流、蓄水和竣工前必须开展移民安置验收，验收分为自验、初验和终验。省移民开发局负责大型水利蓄水阶段和大中型水利工程竣工阶段移民安置终验，大型水电工程截流、蓄水、竣工移民安置终验。州（市）人民政府负责大中型水利工程截流阶段移民安置终验，蓄水阶段移民安置终验，竣工阶段移民安置初验；大型水电工程截流、蓄水、竣工移民安置初验，中型水电工程移民安置终验。县（市、区）人民政府组织大中型水利水电工程截流、蓄水、竣工移民安置自验。

　　（2）验收组织和程序。项目法人向县（市、区）人民政府提出验收申请，县（市、区）人民政府组织自验后上报州（市）人民政府，州（市）人民政府组织初验或终验工作。由州（市）人民政府组织初验的，上报省移民管理机构组织终验工作。同时该办法还规范了移民安置自验委员会、初验委员会、终验委员会的组建和成员构成。验收委员会委托技术部门编制验收工作大纲，成立验收专家委员会，组织专家实地开展验收工作，并提出检查验收意见，召开验收会议，提交验收报告。

（3）验收依据。验收依据主要包括批准的移民安置规划或移民安置规划调整报告、签订的移民安置协议、《水电工程建设征地移民安置验收规程》（NB/T 35013—2013）、《水利水电工程移民安置验收规程》（SL 682—2014）等。

（4）验收必备文件。包括项目法人的验收申请、县（市、区）人民政府提交的移民安置实施工作报告、项目法人提交的工程竣工验收移民安置工作报告、综合设计单位提交的工程竣工验收移民安置设计工作报告、移民综合监理单位提交的工程竣工验收移民安置综合监理工作报告、移民独立评估单位提交的工程竣工验收移民安置独立评估工作报告、审计单位提交的工程竣工验收移民资金审计报告等。

（5）验收范围。包括枢纽工程建设区、水库淹没区、水库影响区、移民安置区以及城市集镇迁建、工矿企业处理、专业项目改（复）建等移民工程建设所在区域。

（6）验收内容。主要包括实物指标、移民安置补偿兑现、农村移民安置（农村移民生产开发、移民居民点建设、移民搬迁、移民生产生活恢复情况）、城市集镇迁建（迁建规模、标准，新址占地、市政工程和基础设施建设、房屋迁建情况）、工矿企业处理、专业项目改（复）建，库岸滑坡、塌岸、浸没处理，水库库底清理、环境保护、移民资金使用与管理、移民安置档案建立和管理、手续办理以及移民后期扶持等。

（7）验收条件。该办法规定了截流、蓄水和竣工三个阶段的验收条件。对竣工移民安置验收要求如下：移民搬迁安置和工程建设项目已全部完成，专项项目改（复）建已全部通过专项竣工验收并移交所属行业主管部门，在阶段验收中发现的问题已得到处理，新增滑坡塌岸处理工作完成，工程建设永久占地、水库淹没征地和移民迁建新址占地的土地手续已完备，移民资金已全部拨付到位并通过审计，移民安置档案建立和管理已通过专项验收，以及移民生产生活水平已达到规划设计的目标等。

（8）验收结论及应用。对于验收合格的项目，省、市（州）移民管理机构印发验收报告；验收报告提出整改要求的项目，有关责任单位应当限期整改到位。移民安置验收不合格的项目，待验收条件具备后，按原程序重新申报验收。

2.4　小结

本章主要对现行国家相关政策规定、行业相关要求以及四川省和云南省等地的有关规定进行了全面梳理分析，探究各级政策规定中的共同之处及差异，为水电工程移民安置验收工作提供系统的政策依据。通过梳理分析可知，无论是国家相关政策规定还是行业相关要求，对移民安置验收的依据、内容、条件、组织和程序等均有较为明确的规定，且相关要求基本相同。另外，四川省和云南省等根据国家相关政策规定以及行业相关要求，制定了地方移民安置验收管理办法，进一步对移民安置验收的主要依据和必备文件、验收范围、验收内容、验收条件、验收组织、验收程序等进行了细化规定，用以进一步规范和指导本辖区大中型水利水电工程移民安置验收工作的顺利开展。

第3章

工程竣工移民安置验收问题梳理

"十一五"至"十二五"期间是我国水电工程建设和投产的高峰，这期间大中型水电共新增装机约 1.87 亿 kW，开工建设及投产的水电站主要包括溪洛渡、向家坝、金安桥、瀑布沟、大岗山、锦屏一级、锦屏二级、官地、梨园、阿海、两河口、杨房沟、双江口、黄登等水电站。这些水电工程移民安置规模均较大，涉及人口多，对移民区及移民安置区的社会经济发展影响较大。截至 2022 年年底，"十一五"至"十二五"期间开工建设的水电工程已相继蓄水发电或基本建设完成，大部分已完成了工程截流移民安置验收、工程蓄水移民安置验收，并进入工程竣工移民安置验收工作。从目前的情况来看，除官地、梨园、龙开口等少数水电站已完成工程竣工移民安置验收外，大多数水电站早已蓄水发电但因面临各式各样的问题尚未完成工程竣工移民安置验收，如金沙江流域的溪洛渡、向家坝、梨园、阿海，雅砻江流域的锦屏一级、桐子林，大渡河流域的瀑布沟、大岗山等水电站。对照水电工程竣工验收要求，本章从五个方面梳理出工程竣工移民安置验收工作中存在的问题。

3.1 验收依据方面

（1）规划调整报告编审工作影响工程竣工移民安置验收启动。多

23

数电站移民安置工作在实施过程中发生了诸多变更，使得原规划报告不能作为工程竣工移民安置验收的依据。面对变更后的移民安置方案，由于多种原因而未开展规划调整工作，工程竣工移民安置验收缺乏依据影响验收工作启动。

（2）缺少签订的移民安置协议。部分电站移民安置实施过程处于新老条例交接时期，实施主体移民安置工作资料归档不完整，加之时间久远，导致移民安置协议缺失，难以满足现行工程竣工移民安置验收条件。

3.2　验收文件方面

（1）未编制综合监理、独立评估报告。大部分老项目移民安置实施时并未开展移民安置综合监理、独立评估工作，难以满足现行工程竣工移民安置验收要求。

（2）移民资金审计工作开展不顺利。工程竣工移民安置验收工作要求开展移民资金审计工作，但审计的委托主体、审计单位等未明确，实际工作中不好操作。

3.3　验收范围方面

（1）对新增影响区是否纳入工程竣工移民安置验收范围的判定条件、是否分期纳入竣工验收范围不明确，尚无相关依据。新增影响区一般持续时间较长，大致可分为建设期（蓄水期）和运行期。从实施时序分析，工程竣工移民安置验收范围很难涵盖所有不断新增的影响区处理范围，但目前尚无相关规定，各方对哪些时期的新增影响区纳入验收范围意见不同，影响验收进程。

（2）整合（拼盘或分摊）资金使用项目是否纳入验收范围无相关规定。

3.4 验收内容方面

3.4.1 农村部分

（1）临时用地复垦工程验收及归还方面。部分项目存在电站建设项目法人单位已完成临时用地复垦工作，复垦工程验收未及时开展，复垦土地未归还，影响工程竣工移民安置验收。

（2）后靠分散安置点宅基地选址方面。实施阶段移民分散安置选点较为随意，缺乏地质论证，导致少量房屋可能存在安全隐患。

（3）移民安置配套设施不完全、标准偏低问题。基于规划及建设时政策原因，部分移民集中安置点配套设施不完全，建设标准偏低，不完全满足现行规程规范要求。

（4）移民后续发展问题。安置区移民配置耕地按与当地居民相当为标准进行配置，少量移民安置后发展后劲稍慢，与规划目标存在一些差距。

（5）农村移民安置实施情况与规划存在差异。在移民安置实施过程中，由于移民意愿变化，实际进入农村居民点安置的人数较规划有一定的变化，有些水电站取消了部分居民点，部分分散自主安置移民迁入集中安置点。该类变更往往发生在居民点建设中甚至建设完成后，时机上已很难满足设计变更工作程序要求，逐步成为移民安置实施中的遗留问题，对照验收条件存在差距。

（6）农村集体资金分配问题。移民安置处于新老规范交替时期，移民生产安置费用平衡单元不一致，安置方案变化较大，集体林地林木补偿资金分配、土地两费剩余资金分配较慢。

3.4.2 城市集镇部分

（1）部分市政基础设施等单项工程验收程序推进艰难，制约工程竣工移民安置验收的问题。按照验收规程，要求城市集镇的基础设施、公共设施建设全面完成并通过工程竣工验收。

（2）已实施未利用的场平及基础设施处理费用问题。部分城市集镇在建设过程中安置规模发生变化，已发生的相关建设费用没有出处，逐步成为遗留问题。

（3）部分城市集镇由于用地指标等原因未完成建设用地手续办理。

3.4.3　专业项目

部分专项设施建设完成后未通过竣工验收、移交困难的问题。部分交通工程、水利工程等项目，由于建设中未按单独立项项目履行相关手续、行业主管部门未全程参与、移交后运行管理等原因，建成后竣工验收未及时开展，移交管理困难。

由于大型电站建设周期长，部分单项工程完工时，地方行业规划已调整或变化，工程完工时与地方或行业规划存在差距；单项工程建成后在开展交工、竣工验收时存在困难，存在地方行业管理部门不愿意接收的矛盾。

3.4.4　机关和企事业单位处理

（1）实施方案与规划不一致的问题。实施过程中，由于行业周期、政策变化，一次性补偿与搬迁复建处理方式的变化，未履行设计变更程序，不满足验收要求。

（2）工矿企业处理规划为评估补偿，实际协商谈判补偿按复建考虑补偿，难以通过变更处理，难以解决超规划费用，与验收要求存在差距。

3.4.5　防护工程及临时用地复垦

（1）地方政府组织复垦的临时用地未按规划完成复垦。在实施过程中，由于地方建设发展需要，将规划临时用地用于其他工程建设用地或其临时用地等，工程竣工移民安置验收时不具备复垦条件。

（2）部分垫高防护工程变更程序履行不到位。部分项目由于历史原因和当时管理政策不明确等问题，设计变更程序履行滞后，影响后续验收。

（3）临时用地复垦工程实施与规划成果不一致，影响后续验收。

3.4.6　移民环保及水保工程

（1）部分居民点污水处理站缺乏后期运行管理及费用，验收移交困难。居民点污水处理站一方面因需专业技术人员操作导致运行费用高，移民难以承受；另一方面运行中处理设备闲置或排放不达标问题交织，难以完成验收。

（2）老项目环保措施不符合现行政策规定。《水电工程移民安置环境保护设计规范》（NB/T 35060—2015）要求居民点应建污水处理站进行污水处理，但老项目基于规划及实施时政策的原因，集中居民点污水多采用化粪池、沼气池处理，不完全满足现行移民政策或行业要求。

3.4.7　移民资金拨付、使用管理

（1）集体财产结余资金分配和使用。移民安置完成后仍有部分集体土地两费、集体林地林木补偿费结余未使用。部分项目由于跨越新老政策，不同时期实施的施工区与淹没区平衡单元不一致，部分村组涉及土地较多，剩余的土地两费数额较大。土地两费的分配使用稍有不慎会引起不同村组之间的攀比，可能产生误解与矛盾。剩余的土地两费还未发放，不满足验收要求。

（2）单项工程财务决算未开展。部分单项工程已完成竣工验收，但未进行工程结算和财务决算审计，未办理财务决算。

（3）资金审计权限和对象不明确。部分项目工程竣工移民安置验收时开展审计，但由于没有详细规定，审计机构不明确，审计范围及

内容不明确，审计工作难以启动。

（4）移民主管部门财务支付凭证资料不完整。由于历史原因、实施时人力资源等条件限制，部分地方支付凭证无明细，未按相关要求归档，导致资金清理困难。

（5）部分地方移民资金拨付未严格按照移民概算条目区分进行拨款，后期资金清理归项困难，清理难度大。

3.4.8　移民档案建设和管理

（1）支付凭证归档管理不到位。部分项目支付凭证归档后缺少目录，查询不便，完整性难以判断。

（2）实物指标档案、移民安置档案资料整理不完整、不规范。

3.5　验收组织和程序

验收管理方面存在验收组织效率有待提高、验收工作中的职责有待细化、组织验收开展工作费用有待明确等问题。

3.6　小结

大中型水电工程移民安置工作是一项复杂的社会系统工程，时间跨度长，从事具体工作的人员变动大，在搬迁安置、设计变更、规划调整、资金管理、档案管理上多少存在一些问题。本章主要从验收依据、验收文件、验收范围、验收内容以及验收组织和程序五个方面进行系统的分析梳理。其中，验收内容方面主要从农村部分、城市集镇部分、专业项目、机关和企事业单位处理、防护工程及临时用地复垦、移民环保及水保工程、移民资金拨付和使用管理、移民档案建设和管理八个方面进行梳理，提出了工程竣工移民安置验收工作中存在的典型问题。

工程竣工移民安置验收问题分析

根据国家、行业、四川省和云南省有关工程竣工移民安置验收的相关政策要求和规定，从不同角度对水电工程竣工移民安置验收问题进行了深度分析。本章所提到的有关工程竣工移民安置验收的相关政策要求和规定主要指以下文件：①2022年11月出台的《水利部关于印发〈大中型水利水电工程移民安置验收管理办法〉的通知》（水移民〔2022〕414号）；②2013年10月起施行的《水电工程建设征地移民安置验收规程》（NB/T 35013—2013）；③《四川省大中型水利水电工程移民安置验收管理办法（2018年修订）》（川扶贫发〔2018〕15号）；④《云南省大中型水利水电工程移民安置验收管理办法》（云移发〔2016〕137号）等。

4.1 验收依据充分性

4.1.1 相关要求

随着水电工程进入工程竣工移民安置验收阶段，国家、行业及地方相继出台了一系列相关规程规范和文件，明确了验收依据。

　　（1）国家层面。国家层面主要指《水利部关于印发〈大中型水利水电工程移民安置验收管理办法〉的通知》（水移民〔2022〕414 号），其验收依据主要包括：① 国家有关法律、法规、规章、政策和标准；② 地方有关法规、规章、政策和标准；③ 经批准的移民安置规划大纲、工程可行性研究报告和初步设计报告中的移民安置规划、移民安置实施设计文件以及规划设计变更和概算调整批准文件、移民安置年度计划等；④ 项目法人与地方人民政府或者其规定的移民管理机构签订的移民安置协议。新的管理办法在验收依据上较原办法增加了第 ② 条。

　　（2）行业要求。行业要求主要指《水电工程建设征地移民安置验收规程》（NB/T 35013—2013），其主要验收依据包括：① 国家有关法律、法规以及相关行业有关技术标准；② 省级人民政府有关政策规定；③ 批准的移民安置规划设计文件及相关批复文件；④ 批准的移民安置规划调整、设计变更文件及相关批文；⑤ 签订的移民安置协议；⑥ 审查批准的与阶段性验收对应的移民安置实施阶段工程截流及工程蓄水移民安置规划设计文件。

　　（3）地方有关规定。

　　1）四川省有关规定。四川省关于验收依据的规定主要包括：① 国家颁布的有关法律、法规、规章、政策和标准；② 四川省颁布的有关法规、规章、政策和标准；③ 批准的移民安置规划大纲、移民安置规划报告、移民安置设计变更文件、移民安置规划调整报告以及相关批文；④ 签订的移民安置协议；⑤ 下达的移民安置年度计划；⑥ 其他移民安置相关文件。

　　2）云南省有关规定。云南省的验收依据主要包括：① 批准的移民安置规划或移民安置规划调整报告；② 签订的移民安置协议；③《水利水电工程移民安置验收规程》（SL 682—2014）；④《水电工程建设征地移民安置验收规程》（NB/T 35013—2013）。

4.1.2 存在问题及案例分析

由于各种原因，特别是移民安置实施过程中变更项目多，部分项目难以达到上述规定的竣工验收依据。例如，部分项目在移民安置规划报告或移民安置实施报告批复后实施过程中发生了设计变更，单项工程的设计变更文件已获得批复，但变更后的规划调整报告未编制审批，验收时无相关的批复成果可用；再如，部分项目在移民安置规划报告批复后实施过程中发生了设计变更，部分单项工程的设计变更文件已完成变更但未完善审批程序。在目前的工作程序下该类手续不完善的问题如何处理，以及以哪类成果作为验收依据等尚不明确，对上述类似问题的处理并没有明确的规定和成熟的处理先例。因此，要处理上述问题并使项目完全满足竣工验收条件，需要经过大量的协调过程或较为漫长的审批流程。

【**案例一**】 官地水电站

官地水电站位于在四川省凉山彝族自治州（以下简称"凉山州"）境内的雅砻江金河大桥上游约 15 km 处，是一座以发电为主的国家重点大型水电项目，总库容 7.6 亿 m³，水库回水长 59 km，最大坝高 168m，装机容量 240 万 kW。该电站导流工程于 2006 年 3 月开工，2007 年 12 月实现大江截流，2008 年 1 月大坝工程正式开工，2011 年 11 月工程蓄水，2012 年 3 月首台机组投产发电，2013 年 3 月全部机组投产发电。

官地水电站涉及四川省凉山州西昌市、盐源县和冕宁县，涉及人口 3266 人；各类结构房屋总面积 9.3 万 m²；征用土地总面积 31444 亩❶；涉及四级公路 14.7 km，等外公路 14.7 km；企事业单位 4 家；集镇 1 座。规划生产安置 2614 人，其中，集中调整土地生产安置 948 人，后靠分插生产安置 602 人，投亲靠友和自谋出路生产安置 1064

---

❶ 1 亩≈666.7m²。

人；搬迁安置 3266 人，其中，集中安置 950 人（11 个集中居民点），后靠分插搬迁安置 1214 人，投亲靠友和自谋出路搬迁安置 1102 人。垫高防护集镇 1 座；复建竹（子坝）—巴（折）公路 16.10 km，一次性补偿处理企事业单位 4 家；发掘保护文物古迹 4 处。审批移民安置投资共计 89098.89 万元。2007 年 4 月，移民安置规划大纲通过审批；2007 年 5 月，移民安置规划设计报告通过审批；2007 年 11 月，通过截流阶段移民安置专项验收；2011 年 11 月，通过蓄水阶段移民安置专项验收；2015 年 2 月，移民安置规划调整报告通过审批；2019 年 12 月，通过工程竣工移民安置验收。

官地水电站工程竣工移民安置验收工作主要依据的国家、地方、行业等政策法规和相关文件有：①《大中型水利水电工程建设征地补偿和移民安置条例》；②《水电工程建设征地移民安置验收规程》（NB/T 35013—2013）；③《水电工程验收管理办法》（2015 年修订版）；④《四川省大中型水利水电工程移民工作条例》；⑤《四川省大中型水利水电工程移民安置验收管理办法（2018 年修订）》；⑥经批准的移民安置规划大纲、移民安置规划报告和移民安置规划调整（设计变更）报告；⑦移民安置年度计划；⑧项目法人与地方人民政府或者其规定的移民管理机构签订的移民安置协议；⑨《雅砻江官地水电站移民安置竣工验收工作大纲》等。

竣工验收前，官地水电站编制了《雅砻江流域官地水电站移民安置竣工验收工作大纲》，明确工程竣工移民安置验收工作的范围、主要内容、工作计划等，同时也发现了竣工验收所存在的主要问题。例如，在 2007 年 5 月审定规划报告至 2011 年 11 月电站蓄水发电期间，国家及四川省人民政府及行业主管部门先后出台了一系列有关水电工程移民安置补偿补助的政策法规，电站涉及的部分行业规程规范进行了更新及细化；主要建筑材料价格及人工费也大幅上涨。实施阶段实物指标中的人口大幅度增加，也导致移民安置人口大幅度增加。实物指标、移民安置人口、安置区社会经济及移民安置意愿的重大变化导致了农村移民安置方案发生重大变化。随着设计阶段的深入，梅子坪集镇的防护工程方案也发生了重大变化。这些重大变化导致可研阶段审定的官地水电站移民安置补偿费用与实际实施情况存在较大差异。因此，由于实施过程中发生了上述变更，2007年5月审定的规划报告不能作为验收依据。经研究，在竣工验收前编制了移民安置规划调整（设计变更）报告作为验收依据。通过编制和审批移民安置规划调整（设计变更）报告，官地水电站解决了验收依据不充分的问题并最终通过验收。

【案例二】 锦屏一级水电站

锦屏一级水电站于2005年12月开工建设，2006年11月围堰截流，2012年11月开始蓄水，2013年8月首批机组投产发电。该水电站范围涉及凉山彝族自治州木里、盐源和冕宁3县18乡56村，涉及土地面积154184亩、规划生产安置10062人、搬迁安置10454人。库区移民安置实施工作从2006年启动，至2012年基本完成库区移民搬迁安置工作。

按照《水电工程建设征地移民安置验收规程》（NB/T 35013—2013）、《水电工程验收管理办法》（2015年修订版）要求，需对"移民安置档案建设及管理情况，包括移民安置工作有关的文书档案，财务档案……，移民分户档案，合同、协议等档案建设情况"等内容进行验收。

根据四川省凉山州审计局审计和2018年专家组现场检查结果，由于锦屏一级水电站移民安置实施工作时间跨度长，部分财务档案、移民安置协议等资料缺失或不齐，主要存在以下问题：

（1）财务档案不齐，缺乏管理，会计档案未整编归档。主要原因为预付款项目未办理报销手续、项目未验收未结算等。

（2）移民档案缺乏，分户档案要件不齐全。主要原因为外迁移民户迁出后未形成相关文件材料、大部分文件是复印件或打印稿、缺失迁建分户档案等。

完善的财务档案、完整归档的移民安置协议是工程竣工移民安置验收的主要依据之一，地方政府应按竣工验收相关规程、办法要求，进一步完善资金拨付、使用管理工作，必要时委托第三方专业机构开展资金清理工作；进一步按照国家档案管理规程规范和有关规定，结合实际制定和完善移民档案相关分类方案、规章制度、标准以及档案编制说明，统一规范整编，统一安全管理，复核并保证分户档案建档率达 100%。由于存在以上问题，锦屏一级水电站暂未完成工程竣工移民安置验收。

【案例三】 桐子林水电站

雅砻江桐子林水电站位于四川省攀枝花市盐边县境内（坝址位于桐子林大桥下游 700m 处），距上游二滩水电站 18km，距安宁河与雅砻江汇口 2.5km，距雅砻江与金沙江汇口 15km，是雅砻江下游最末一个梯级电站。电站正常蓄水位 1015.00m，正常蓄水位以下库容 0.71 亿 m^3，调节库容 0.1456 亿 m^3，电站装机容量 60 万 kW，多年平均年发电量 29.75 亿 kW·h。桐子林水电站于 2010 年 9 月获国家发展和改革委员会核准开工建设，2010 年 10 月开工建设，2015 年 10 月下闸蓄水。

桐子林水电站移民安置实施生产安置 175 人，搬迁安置 279 人；涉及 15 家企事业单位，规划采取一次性补偿处理；涉及等级公路、桥梁、机耕道、电力设施、通信设施等，结合实际情况，规划采取复建处理。现移民安置工作已基本完成。

截至 2022 年年底，桐子林水电站移民安置还存在米易县移民安置过渡、盐边县农村移民安置方案变化、复建便道安宁河右岸段工程施工影响输电线路迁（改）建、头道河渣场临时用地延期使用相关补助费用事宜等问题需予以变更处理。桐子林水电站已启动竣工验收准备工作，为完善竣工验收依据，正按要求处理相关遗留问题，补齐相关移民安置设计变更文件，并按要求完成移民安置规划调整报告，作为竣工验收依据。基于以上问题，桐子林水电站暂未完成工程竣工移民安置验收。

综上所述，在工程竣工移民安置验收前，应提前梳理国家、行业、省级层面相关政策规定，备齐批准的移民安置规划设计文件及相关批复文件、批准的移民安置规划调整、设计变更文件及相关批文，以及签订的移民安置协议、审查批准的工程蓄水移民安置规划设计文件等文件。在编制移民安置规划调整、设计变更文件时，应充分梳理分析移民安置规划调整、设计变更情况，将其作为工程竣工移民安置验收的有效依据。工程蓄水时若存在遗留问题，应在竣工验收前妥善解决。

4.2 必备文件齐备性

4.2.1 相关要求

（1）国家层面。国家层面主要指《水利部关于印发〈大中型水利水电工程移民安置验收管理办法〉的通知》（水移民〔2022〕414号），其验收依据主要包括：① 移民安置自验通过后，移民区和移民安置区县级人民政府应当在自验通过之日起30个工作日内，向移民安置初验组织单位提出初验申请；② 移民安置初验通过后，移民安置初验组织单位应当在初验通过之日起30个工作日内，向移民安置验收主持单位提出移民安置终验申请。

（2）行业要求。行业要求的验收必备文件包括：① 县级以上人民政府及有关单位应提供移民安置实施工作报告；在省级人民政府组织验收工作之前，市、县级人民政府已经组织了本行政区域移民安置验收工作的，应提供相应的验收报告及文件；② 水电工程项目法人应提供移民安置工作报告；③ 移民安置综合监理单位应提供移民安置综合监理工作报告；④ 移民安置独立评估单位应提供移民安置独立评估工作报告；⑤ 主体设计单位应提供移民安置设计工作报告，移民安置实施阶段按规定确认的设代函、综合设计联系单、综合设计变更通知、度汛设计文件、库底清理设计文件、专题设计文件以及工程截流、蓄水移民安置规划设计等综合设计文件；⑥ 其他资料，移民安置阶段性验收前，已经完成了移民资金审计工作的，相关部门应提供有关审计结果报告；工程竣工移民安置验收时，相关部门应提供有关移民资金审计结果报告。

（3）四川省有关规定。四川省要求的验收必备文件包括：① 市（州）人民政府向省人民政府申请验收的请示及省人民政府的交办通知；② 县（市、区）人民政府提交的移民安置实施工作报告；③ 项目法人提交的移民安置工作报告；④ 移民安置综合设计（设代）单位提交的移民安置设计工作报告；⑤ 移民安置监督评估（综合监理、独立评估）单位提交的移民安置监督评估（综合监理、独立评估）工作报告；⑥ 竣工验收应提交移民安置资金审计报告。

根据移民工程验收范围、验收内容和条件等要求，相关各方工作报告内还需提供相关佐证材料，如建设用地批复、档案验收报告等，这些佐证材料也属于必备要件。

4.2.2　存在问题及案例分析

在必备文件齐备性方面，通过对已开展竣工验收的项目进行梳理发现，竣工验收前部分项目存在未及时编制移民安置综合监理工作报告、独立评估工作报告、各方编制的工程竣工移民安置验收工作报告数据及文字描述存在差异、移民安置资金审计报告未及时开展等问题，上述问题影响了竣工验收的效果和进度。

（1）2006 年以前完成的工程建设项目缺乏综合监理工作报告、独立评估工作报告。独立评估工作是对移民搬迁进度、移民安置质量、移民资金的拨付和使用情况以及移民生活水平的恢复情况进行监督评估，是反映移民安置工作效果的重要依据。《水电工程建设征地移民安置验收规程》（NB/T 35013—2013）以及《四川省大中型水利水电工程移民安置验收管理办法（2018 年修订）》（川扶贫发〔2018〕15 号）

等政策文件均将独立评估报告作为移民工作竣工验收的必备文件。但由于监督评估相关工作在 2006 年出台《大中型水利水电工程建设征地补偿和移民安置条例》（国务院令第 471 号）后才要求开展，在此之前完成工程建设的老项目均未开展相关工作，因此难以提供相关报告。

（2）移民资金审计报告的取得存在实际困难。移民资金审计的目的主要在于检查和证实财政、财务收支的合法合规和效益等，出于移民资金管理的需要，相关验收政策要求提供移民资金审计报告作为竣工验收必备要件。经调研，水电工程移民资金审计组织尚未明确，导致该项工作未能提前准备。水电工程竣工移民安置验收时间紧、任务重，但由于移民安置行业普遍存在政策性强、实施周期长、资金构成复杂等特点，导致审计工作纷繁复杂，耗时较长。另外，随着国家经济建设的高速发展，国家各级审计机关事务繁忙，在无政策文件支撑的条件下，对水电工程移民资金审计工作往往不愿接手；而一般社会化的会计师事务所，由于涉足水电行业机会较少，审计人员对移民资金认识不足，审计质量相对不高。再则，审计工作发现的问题也需要实施各方共同研究处理并完善程序，从而可能耽误较长时间。结合已完成工程竣工移民安置验收的官地水电站等项目来看，及时取得移民资金审计报告是一项较为困难、耗时较长的工作。

【案例一】 官地水电站

雅砻江官地水电站于 2004 年开始进行官地水电站可行性研究报告重编工作，2007 年启动移民安置工作，至 2016 年移民安置工作基本完成。四川省凉山州人民政府向四川省人民政府提交了申请验收的请示后，四川省人民政府下发了交办通知，四川省扶贫和移民工作局于 2016 年启动了官地水电站工程竣工移民安置验收工作，在 2019 年顺利完成了工程竣工移民安置验收。官地水电站竣工验收最终提交了以下文件：①《西昌市、盐源县人民政府官地水电站移民安置专项自验报告》；②《西昌市、盐源县人民政府移民安置竣工移民安置验收实施工作报告》；③《官地水电站移民安置竣工验收项目法人工作报告》；

④《官地水电站移民安置竣工验收设计工作报告》；⑤《官地水电站移民安置竣工验收综合监理工作报告》；⑥《官地水电站移民安置竣工验收独立评估工作报告》；⑦《凉山州审计局官地水电站移民资金审计综合报告》；⑧《官地水电站移民安置资金拨付使用清算审计结果报告以及相关附件》等。

移民安置验收期间，在必备文件齐备性方面也暴露出一些问题：①由于官地水电站验收前相关各方对验收关注的重点理解不充分，官地水电站起初未编制移民安置独立评估工作报告；验收检查中，移民安置独立评估工作报告的缺失导致竣工验收必备文件缺失，直接影响了验收进度和验收效果；②官地水电站在汇编各方提交的移民安置竣工验收工作报告时，各方报告存在数据不统一、说法不统一、格式不统一的情况，验收必备文件的内容缺陷也直接影响了验收效果；③在移民安置资金审计报告方面，由于委托主体不明确等原因，官地水电站移民安置资金审计报告委托不及时，没有及时提交移民安置资金审计报告，也直接影响了验收进度。后经多方协调，凉山州审计局完成了移民安置资金审计报告，但该审计报告完成后由于地方未重视此项工作或未及时完成整改等，相关方未及时按照移民安置资金审计报告整改到位，再次影响了验收进度。上述三类问题的处理不及时，都影响了官地水电站竣工验收必备条件的不完善，直接影响了验收进度。

通过验收工作，官地水电站相关各方在必备文件齐备性方面取得了一些经验：①对移民安置后的效果评价是竣工验收重点关注内容之一，不论实际实施工作过程如何，竣工验收必须提交移民安置独立评估报告，在评估中需高度重视评估结论；②为保证各类必备文件的内容质量，建议后续其他项目在编制前统一提出报告格式要求，编制过程中及时复核数据和情况描述，编制后集中校审，专人汇稿；③在资金审计方面，由于竣工验收需要提交移民安置资金审计报告，审计委托主体等有关事宜需要及时协调，审计报告完成后，需要与审计专家及时沟通，对审计专家提出的问题及时整改，对不能及时整改到位的，在移民安置资金审计报告中合理安排整改计划。

【案例二】　沙坪二级水电站

沙坪二级水电站与官地水电站竣工验收时间相近，必备文件的准备过程情况与桐子林水电站类似。由于地方政府提出等级公路管护费用高等原因和相关诉求，等级公路建设完成后未能将等级公路及时移交给地方政府，未取得等级公路移交地方政府的相关文件。在竣工验收时，等级公路移交地方政府的相关文件缺失影响了移民安置竣工验收。通过沟通协调，地方政府出具了移交文件，完成了等级公路的移交。

综上所述，在工程竣工移民安置验收前，应备齐市（州）人民政府向省人民政府申请验收的请示及省人民政府的交办通知等要件；实施各方按要求编制工程竣工移民安置验收工作报告，编制时由专人汇稿，集中校审，统一数据和说法；提前研究明确移民安置资金审计报告委托主体，及时按要求开展移民安置资金审计工作；及时对审计专家提出的问题进行整改，对不能及时整改到位的，在移民安置资金审计报告中合理安排整改计划，以保证工程竣工移民安置验收按期完成。

4.3　验收范围确定性

4.3.1　相关依据

根据《水电工程建设征地移民安置验收规程》（NB/T 35013—2013）规定和要求，验收范围包括复核后的枢纽工程建设区、水库淹没区、水库影响处理区，以及水库影响待观区复核后的变化区域。

根据《四川省大中型水利水电工程移民安置验收管理办法（2018年修订）》（川扶贫发〔2018〕15号）的规定和要求，验收范围包括枢纽工程建设区、水库淹没区、水库影响区、移民安置区，并要求完成已审批的新增滑坡塌岸处理工作。

4.3.2　存在问题及案例

（1）对新增影响区是否纳入竣工验收范围的判定条件、是否分期纳入竣工验收范围不明确。新增影响区的验收内容和要求尚无相关规定。由于可能涉及突发性、应急处理等，新增影响区移民安置实施往往与水库淹没区和枢纽工程建设区的移民安置实施方式和程序有所不同。在移民工作的验收上，若与水库淹没区和枢纽工程建设区同等要求，可能会遇到一些不满足验收条件的情况。

以锦屏一级水电站为例，锦屏一级水电站自 2012 年蓄水发电以来，受蓄水影响，库岸陆续出现滑坡塌岸情况。截至 2020 年年底，已基本完成一至四期（工程建设期）蓄水新增影响区移民安置规划工作，正在开展第五期（项目生产运行期）蓄水新增影响区移民安置规划工作。按照 2020 年 12 月 14 日四川省扶贫开发局在西昌组织召开的"锦屏一级水电站移民安置竣工验收现场整改工作推进会"要求，根据《四川省大中型水利水电工程移民安置验收管理办法（2018 年修订）》第三章第八条"移民安置验收内容包括新增滑坡塌岸处理情况"；第三章第九条"竣工验收具备的条件包括新增滑坡塌岸处理工作完成"。锦屏一级水电站一至五期蓄水后新增影响区处理纳入锦屏一级水电站工程竣工移民安置验收范围。

若将一至五期蓄水新增影响区全部纳入验收范围，将存在相关程序尚不完善等问题，若将一至四期或仅将移民安置规划实施报告中相关内容纳入验收内容，将面临没有划分依据的问题。

（2）整合（拼盘或分摊）资金使用项目是否纳入验收范围无相关规定。由于资金来源不同，可能涉及地方财政资金，扩大规模提高标准后的建设项目以及其他移民资金投入的项目可能按照地方一般项目建设程序开展。在移民工作的验收上，若与水库淹没区和枢纽工程建设区同等要求，工程建设程序、建设及验收方式、建设周期等都可能会遇到一些不满足验收条件的情况。

4.4　验收内容和条件满足度

4.4.1　农村移民安置及验收

4.4.1.1　相关规定

根据《水电工程建设征地移民安置验收规程》（NB/T 35013—2013）以及《四川省大中型水利水电工程移民安置验收管理办法（2018 年修订）》（川扶贫发〔2018〕15 号）等的规定和要求，农村移民安置应该达到以下标准：

（1）移民全部完成搬迁，住房建设已完成。

（2）安置点基础设施和公共服务设施建设已按批准的移民安置规划建设完成，移民安置点已通过地质灾害危险性评估。

（3）移民生产安置措施已落实，生产用地已按批准的移民安置规划建设完成。

（4）移民个人补偿费已全部兑付到户，土地补偿补助费和村集体财产补偿费已全部兑付村组。

4.4.1.2　存在问题分析

根据政策要求及相关规定，结合农村移民安置内容，农村移民安置关注的重点内容主要集中在生产安置、搬迁安置、个人补偿补助费用兑付及临时用地复垦等方面。

（1）生产安置方面。对于生产安置，工程竣工移民安置验收的要求是移民生产安置措施已落实、有关手续已办理完毕。按相关政策，可研规划阶段征求移民意愿制定生产安置方案，实施阶段根据审定方案配置生产措施，移民意愿发生变化的调整方案后实施，实施完成后地方政府与移民签订生产安置协议完成安置。移民生产安置在可研阶段、实施阶段均充分征求移民意愿，一般不会成为各阶段及竣工验收的制约条件。但在实施过程中往往存在以下问题：

1）生产安置措施难以落实到位，影响实施进度。实施过程中存在的问题一般为生产用地分配困难。例如，泸定水电站生产用地开发整理完成后，移民以种种理由不接收土地或土地分配困难，通过采取除草、拣石、加大宣传力度等措施最终得到了解决，但历时较长。又如瀑布沟水电站，移民安置实施规划报告审批后，由于部分自然资源条件改变，实施规划报告中确定的土地筹措方式和土地配置数量难以满足，还需要通过其他措施进行解决。

2）生产安置移民要求重新安置，影响实施效果。个别移民选择了不适合自身的生产安置方式，生产收入没有保障，安置完毕后一段时间内又要求重新安置。例如溪洛渡水电站，有移民选择一次性货币安置，领取安置费后几个月花光，然后又找政府要求解决生计。此类问题属于个性问题，通过多方面协调一般能够得到妥善解决。

3）评估目标不细化，难以准确评价生产水平恢复情况，影响验收工作的开展。以农业安置为例，生产水平与土地面积、土地质量、生产距离、收入水平等存在关系，难以简单直观地反映生产水平，并且移民生产安置方式多种多样，对其进行评价更显复杂。现阶段并无明确的评价体系，难以准确评价生产水平恢复情况。

（2）搬迁安置方面。对于搬迁安置，工程竣工移民安置验收的要求是"移民全部完成搬迁、住房建设已完成""安置点基础设施和公共服务设施建设已按批准的移民安置规划建设完成""移民（农村移民）房屋建设已建成，满足移民正常入住"等。搬迁安置方案同样是充分征求移民意愿制定移民安置方案后实施，移民基本能够顺利入住，但移民入住后存在的问题同样可能成为竣工验收的制约条件。

1）大部分水电工程未办理建设用地手续，而由业主包揽办理手续的方式存在历史遗留问题。分散安置移民建房一般按国家相关规定，由移民自行申报审批宅基地，一般不会出现建设用地手续难以办理的问题。集中安置点一般需统一进行基础设施建设，安置点本身包含道路、绿化等公共建设用地，需统一办理建设用地手续。经调查了解，绝大部分电站集中居民点等移民单项工程未能办理建设用地手续，原因主要是移民行业居民点规划要求、审批流程与土地管理部门要求不完全匹配，相关政策不完善，办理手续复杂。以大渡河猴子岩、长河坝、黄金坪三级水电站为例，若办理国土使用证或建设项目用地批准书，首先需要取得工程建设项目立项批复。大渡河猴子岩、长河坝、黄金坪三级水电站泥洛河坝、菩提河坝、野坝、江咀左岸、长坝等居民点启动建设期间，尝试使用国家发展改革委关于电站项目的核准批复以及省级移民主管机构关于移民安置规划的批复，作为工程建设项目立项批复，但当地行业主管部门认为立项有瑕疵，要求重新提供所在县（市、区）发展改革委的立项批复，而获得所在县（市、区）立项批复前置条件包括可研报告、环评报告、修建性详细规划、建筑设计等，需要到相应职能部门审批，但移民工程居民点无单独的立项批复，环水保设计包含在单项报告中无独立报告，且无具体的建筑设计相关规划，与国土行业相关要求不符，项目用地手续难以继续进行。后来，地方国土管理部门又提出"以上安置点选址均不在城乡规划区范围内"，根据《中华人民共和国城乡规划法》第四十二条的规定"城乡规划主管部门不得在城乡规划确定的建设用地范围以外做出规划许可"，不予办理《建设用地规划许可证》及《建设工程规划许可证》。辗转至乡镇，乡镇又以相关政策不明确，从未办理过相关许可证为由，拒绝办理建设项目用地批准书。迫于移民搬迁入住的需要，地方政府在未办理国有土地使用证、施工许可证等情况下，对泥洛河坝安置点进行了竣工验收。再如，鲁地拉水电站由业主对集镇、居民点和等级公路土地报件进行统筹包揽办理，但该方式也存在部分遗留问题，如对居民点土地性质由农用地变为国有土地，占地指标费用无出处，在现行政策体系下难以操作等。

2）部分集中安置点路灯、污水处理厂等公共设施维护不良、统建房屋存在质量缺陷等。农村集中安置点路灯、污水处理厂工程设施，移民搬迁前不会产生运行、管理费用或费用较低，集中搬迁移民以此为由拒绝接收公共设施或承担相应运行管理费用，相关问题难以短时间解决，多由项目法人代为运行维护或闲置公共设施设备。地方政府担心竣工验收后的运行管理维护等，对竣工验收的积极性不高，可能导致工程竣工移民安置验收进度缓慢或难以推进。如官地水电站因上述问题，在工程竣工移民安置验收前，项目法人与地方政府进行了长时间磋商才达成一致意见，并得以开展后续验收工作。

（3）个人补偿补助费用兑付方面。对于农村移民补偿补助费用兑付，工程竣工移民安置验收的要求是"移民个人补偿费已全部兑付到户、土地补偿费和村集体财产补偿费已全部兑付村组""移民补偿补助费用……全部兑付到位"等。经调查了解，部分水电站对移民个人或集体的财产补偿存在一些问题。

例如，剩余土地两费发放的问题。其原因是各村（自然组）生产安置投资平衡后剩余土地两费差异较大，有的村剩余土地两费多，有的村没有剩余土地两费，地方政府担心移民攀比引发误解与矛盾风险，不敢轻易发放。

【案例一】　锦屏一级水电站

以锦屏一级水电站为例，规划涉及 121 个村民小组，从各村民组未使用土地两费资金总量来看，金额大的组如某县大坡乡大地村二组达 1340.00 万元，洼里乡庄房村一组、二组、三组共 3667.00 万元；某县三桄垭乡茶地沟村茶地沟组富余资金 1910.00 万元。从各村民组人均未使用土地两费来看，人均数额较多的组如某县大坡乡大地村二组人均 6.98 万元、某县某乡碾水村碾水组人均 13.60 万元。截至 2022 年年底，剩余土地两费未发放情况较为普遍，还存在《大中型水利水电工程建设征地补偿和移民安置条例》（国务院令第 471 号）出台前按县为单位平衡剩余土地两费的水电站。锦屏一级水电站同时存在以县为单位平衡（枢纽工程区和围堰水位以下区域）和平衡到集体最小经济组织（水库淹没区和新增影响区）的情况，地方政府对此顾虑重重，至今暂未发放剩余土地两费。

同时，对于集体的林地林木补偿费，按政策应全部发放给权属人（集体经济组织）。由于各水电站政策不统一，地方政府按规划来发放林地的林木补偿费仍存在稳定风险，地方政府也不敢轻易发放林地林木补偿费。经调研，猴子岩、长河坝、锦屏等水电站都存在类似问题。

（4）临时用工地复垦。对于征用土地复垦，工程竣工移民安置验收的要求是"征用土地复垦任务已完成，按照有关规定通过竣工验收""征用土地复垦任务已完成并验收合格"等。经调查了解，存在以下主要问题：

1）复垦土地位置变化、复垦后土地面积减少等原因移民不接受。复垦范围变化，或者将林地复垦为耕园地，可能导致复垦工程难以通过相关职能部门验收。如民治水电站业主已完成临时用地复垦工作，但地方部门以范围变化不在原审批范围内为由迟迟不予验收。复垦用地需归还原集体经济组织，大多数电站在临时用地使用时宣传为电站建成后原地类、数量恢复退还原集体经济组织，即"占多少、还多少"。但实际复垦后土地面积可能低于调查的耕园地面积，导致移民、集体经济组织、地方政府不同意验收。出现该种情况，可能的原因有三点：①土地现状地形差、缺少配套设施，复垦后由于水利设施、田间道路占地等导致复垦面积减少；②临时用地造成地质条件、地形变化，采取工程治理或堡坎挡护等措施后，实际造地面积低于复垦任务，如长河坝汤坝料场蠕滑，采取大量工程措施治理占用原审批临时用地；③按《土地利用现状分类》等相关政策，耕地中包括南方宽度小于 1.00 m、北方宽度小于 2.00 m 固定的沟、渠、路和地坎（埂），地方政府按第三次全国国土调查方式，耕园地仅计算地坎顶宽，由于认定标准不同，认定土地面积存在差异。

2）复垦后土地被土地现状和利用规划调整，不能按规划完成复垦任务，地方用作其他发展用地。例如沙坪二级水电站，地方政府组织复垦的临时用地为 825.30 亩，竣工验收时发现地方政府将涉及临时用地用于其他工程建设或其他工程临时用地，竣工验收时不具备复垦条件。

3）由于移民远迁等原因，临时用地补偿按永久用地进行补偿，但未完善相关变更手续。

4）复垦设计变更，验收时与上报土地复垦方案不符。根据《土地复垦条例》（国务院令第 592 号）第十一条"土地复垦义务人应按照土地复垦标准和国务院国土资源主管部门的规定编制土地复垦方案。"及第二十八条"土地复垦义务人按照土地复垦方案的要求完成土地复垦任务后，应当按照国务院国土资源主管部门的规定向所在地县级以上地方人民政府国土资源主管部门申请验收，接到申请的国土资源主管部门应当会同同级农业、林业、环境保护等有关部门进行验收。"部分水电移民项目在实施阶段对土地复垦工程进行了变更设计，但未重新向国土资源主管部门报送土地复垦方案。验收时，复垦工程与报送的土地复垦方案不符，可能影响临时用地复垦工程的单项验收。

4.4.2　迁建城市集镇及其他移民工程建设及验收

4.4.2.1　相关规定

《水电工程建设征地移民安置验收规程》（NB/T 35013—2013）在城市集镇、复建专业项目工程竣工移民安置验收应具备的条件中，明确提出了"移民安置房屋已基本建成，满足移民正常入住；新址区内道路、给排水、供电等基础设施已建成并通过单项工程验收；学校、医院等公共设施已建成并通过单项工程验收；移民搬迁安置人口已完成全部搬迁，移民就医和子女入学均已妥善解决；移民安置新址区对外交通、供电、供水项目已建成并通过单项工程验收。移民补偿补助费用全部兑付到位，城市集镇及居民点基础设施和公共设施补偿费用全部到位。""铁路、公路、水运、电力、通信、广播电视、水利水电设施、防护工程等需要复建的移民工程项目已经完成建设并通过单项工程验收。企业事业单位、文物古迹、矿产资源等按规划已进行了处理，并办理相应手续"等要求，同时明确了"移民工程的验收执行工程相应行业的验收规定"。

各省级移民主管部门相继制定发布的相关移民验收工作政策文件，也对城市集镇、复建专业项目工程竣工移民安置验收应具备的条件提出了一致的要求及规定。例如，《四川省大中型水利水电工程移民安置验收管理办法（2018 年修订）》（川扶贫发〔2018〕15 号）明确"城（集）镇居民房屋建设全面完成并入住，基础设施、公共设施建设全面完成并通过竣工验收""专项设施建设全面完成并通过竣工验收"；《云南省大中型水利水电工程移民安置验收管理办法》（云移发〔2016〕137 号）明确"移民搬迁安置和工程建设项目已全部完成，单项工程建设已通过专项竣工验收；专业项目改（复）建已全部通过专项竣工验收并移交所属行业主管部门"等。上述现行相关验收规定中，验收内容和条件较为明确，将移民安置房屋已基本建成，满足移民正常入住，移民搬迁安置人口已完成全部搬迁，城市集镇迁建涉及单项工程、专项设施通过竣工验收作为工程竣工移民安置验收的前置条件。

4.4.2.2 存在的问题

城市集镇项目是移民安置工程的重要组成部分，也是移民安置工程中最为复杂项目之一。水库淹没城市集镇一般都是当地的政治、经济、贸易中心，城市集镇迁建涉及移民安置规模大；内外部市政基础设施及公共配套建设子项目众多，涉及城市集镇基础设施工程以及学校、医院等公共设施，道路、电力、通信、广播电视等建设项目，涵盖了建筑、市政、交通、电力、通信等多个行业。国家、地区、行业层面都对各行业出台有相应的工程竣工验收管理办法。由于移民工程一般具有较强的实施特点及政策性，部分单项工程按照相关行业管理规定履行竣工验收程序存在现实困难。

专业项目主要包括铁路、公路、水运、电力、电信、广播电视、水利水电设施及企业、事业单位、文物古迹、矿产资源以及其他受水电工程影响的项目，按照其原规模、原标准或者恢复原功能的原则和国家有关强制性规定，进行恢复或改建，以及对不需要或难以恢复的项目进行一次性补偿。大中型水电建设移民安置专业项目往往为地方重大项目，对地方区域经济社会后续发展具有较为重要作用。结合移民单项工程建设特点，地方政府对于移民单项工程的竣工验收、移交缺乏核心动力，移民单项工程的竣工验收进展缓慢制约了电站工程竣工移民安置验收。

（1）单项工程竣工验收存在现实困难。单项工程竣工验收困难主要包括以下几个方面：①部分项目参建单位消失，难以按程序组织竣工验收工作；②部分项目工程用地批准手续、施工许可证等验收要件缺失不满足相关验收管理规定；③部分项目工程档案资料缺失，竣工验收通过困难；④工程建设过程中或建设完成后发生变更，造成已实施未利用情况，成为遗留问题。

【案例一】　瀑布沟水电站

瀑布沟水电站于 2004 年 3 月经国家发展和改革委员会核准开工建设，2009 年 10 月蓄水发电，移民安置规划迁建汉源县城 1 座、集镇 9 座，电站移民安置工作于 2003 年 10 月启动。2007 年之前，瀑布沟水电站移民安置单项工程勘察设计工作实行多级管理制度，在各级地方政府分别委托下，多达上百家勘察设计单位参与了瀑布沟水电站城市集镇迁建相关单体及单项工程的勘察设计工作；2008 年以后，由于时间紧、任务重，为保证按期下闸蓄水，地方政府采取措施，开展了"三年大会战"，目前城市集镇迁建工程已全部建设完成并投入使用，但部分工程仍未完成单项工程竣工验收程序。

1）参建单位消失，按程序开展竣工验收工作困难。瀑布沟水电站移民安置城市集镇建设项目参建单位众多，项目建设历时时间长。项目实施完成后，部分项目由于原施工或设计、监理单位消失、失联，建设单位难以按照相关行业规定组织勘察、设计、施工、监理等单位组成验收组，按程序开展竣工验收工作困难。

2）用地批准手续、施工许可证等验收要件缺失制约竣工验收工作。按照住房和城乡建设部《房屋建筑和市政基础设施工程竣工验收规定》（建质〔2013〕171号）等相关规定，建设工程竣工验收资料应包含建设用地规划许可、批准用地文件、施工许可证等建设前期法定建设程序文件。根据瀑布沟水电站移民安置城市集镇迁建实际，2008—2010年期间，地方政府采取措施，开展了"三年大会战"，按期总体实现了库区移民搬迁安置工作。但在移民安置工作实施过程中，部分建设项目实际未办理建设用地规划许可、批准用地文件、施工许可证等。按照相关行业规定，上述要件缺失将制约竣工验收工作完成。

3）工程档案资料缺失，竣工验收通过困难。瀑布沟水电站移民安置工程实施期间，遭遇了"5·12"汶川特大地震、"4·20"芦山地震等，移民单项工程与地震灾后援建项目交叉重叠，部分移民概算资金拼盘用于灾后援建项目（如城市集镇范围学校、医院等）。但部分援建项目完成后资金结算及资料移交不完全，多年来，虽经四川省汉源县与有关单位和部门多次联系，但仍有部门项目资料收集移交工作停滞不前，项目资料的不完整性制约了部分项目按照行业规定完成单项工程竣工验收。

4）移民单项工程建设过程中或建设完成后发生变更，造成已实施未利用情况，成为遗留问题。例如，两河口水电站瓦多、亚卓集镇属于"先移民后建设"示范工程，于2015年先行启动建设。建设过程中，移民意愿变化，实际进入集镇安置的移民人口规模变小。项目出现已实施未利用的场平及基础设施工程，已发生的相关建设费用没有出处，逐步成为遗留问题。又如，锦屏一级水电站列瓦集镇，因开展迁建规划与建设实施相差时间长，对外交通项目已由地方按其他工作要求先行单独实施。由于交通出口变更，集镇内部基础设施项目因原规划已不满足当前需求，需进行变更。

5）部分实施项目环保水保措施不满足现行竣工验收条件。《水电工程移民安置环境保护设计规范》（NB/T 35060—2015）要求居民点应建污水处理站进行污水处理。在 2015 年以前，大部分电站移民集中居民点污水多采用化粪池、沼气池处理，不完全满足现行移民政策或地方要求。若该部分项目在实施阶段未通过单项验收，将面临难以通过环保方面验收的问题，从而制约单项工程竣工验收。

6）老项目难以满足现行的竣工验收管理规定。以二滩水电站为例，二滩水电站建设时期临时用地管理不规范，未办理相关手续。在现阶段，当时的移民管理机构及临时用地涉及的管理部门等发生变化，为满足竣工验收需要再补办相关手续存在实际困难。同样在二滩水电站，部分沿江路未及时开展竣工验收，经 1998 年洪水冲毁后，未及时进行修复，后续修复现状存在差异，现阶段暂未开展单项工程竣工验收。

7）部分集镇因用地指标等原因未完成建设用地手续办理。部分集镇迁建由于建设用地指标、手续办理程序等原因造成建设用地手续不完整。

8）部分工程未实施。如土地复垦工程，地方政府将临时用地用于其他工程建设用地和其他工程建设项目的临时用地，地方政府组织复垦的临时用地未按规划完成复垦，工程竣工移民安置验收时不具备复垦条件，临时用地暂未复垦。

（2）项目运行管理费问题，地方政府竣工验收积极性不高。城市集镇迁建、专业项目往往规模大、投资高，地方政府出于对工程验收移交后可能出现的质量问题以及对项目后续管护费用方面的考虑，对该类项目竣工验收工作配合度较低。例如，某垫高防护工程，因垫高改变了原始地形，加之蓄水后水位上升产生顶托作用，导致排沙不畅，产生一定的疏浚和清淤费用。另外，城市集镇、居民点污水处理、垃圾清运等环保设施的维护管理也是地方较为担心的事项之一，建成入住后，缴纳污水处理等维护费用改变了原有居民的生活方式，居民积极性不高。

4.4.3 企事业单位处理

4.4.3.1 相关规定

《水电工程建设征地移民安置验收规程》（NB/T 35013—2013）在验收应具备的条件中，提出了"企业事业单位按规划已进行了处理，并办理相应手续"的要求，同时明确了"移民工程的验收执行工程相应行业的验收规定"。省级移民主管部门相继制定发布的相关移民验收工作政策文件，对相关和企事业单位处理提出了一致的要求及规定。例如，《四川省大中型水利水电工程移民安置验收管理办法（2018 年修订）》（川扶贫发〔2018〕15 号）中，提出了"企业迁建或补偿全面完成"的工作要求等。

4.4.3.2 存在的问题

水电工程移民安置相关和企事业单位处理，主要任务是对受水电工程影响的工业企业、农业企业、服务业企业以及事业单位，结合移民安置规划进行处置。根据其受影响程度和生产经营恢复条件等因素，一般分为防护处理方式、迁建处理方式和一次性补偿处理方式。

（1）部分一次性补偿企业难以达到验收标准。一次性补偿企业在兑付过程中，个别企业主因为自身权属纠纷或非理性诉求，对审批的补偿方案提出异议，拒绝领取或拒绝全额领取补偿费用，此举将制约补偿全面兑付完成。按照现行"企业迁建或补偿全面完成"的验收工作要求，机关和企事业单位竣工验收将难以通过。

（2）行业周期变化，企事业单位处理方式未按审定规划实施。移民安置实施中，由于企业主观因素、区域社会经济发展变化、行业政策调整等因素，可能造成部分企事业单位实际实施处理方式与审定规划不一致，这将制约竣工验收。由于大中型水电涉及机关和企事业单位较多，涉及行业广，且水电工程实施周期长，移民安置处理规划确定后，随着区域社会经济发展，行业周期变化，原迁建处理企业由于政策或客观外部条件变化，迁建后难以继续经营的，企业权属人不愿再按规划复建继续经营，或多种原因造成复建困难，实际按一次性补偿方式实施，未履行变更程序。

（3）企业超规划费用处理困难。工矿企业处理规划为评估补偿，主要是对企业的设备、存货、生产设施、基础设施等进行评估补偿，实际按协商谈判补偿按复建考虑补偿，难以通过变更处理，难以解决超规划费用，不满足验收要求。

4.4.4　移民资金拨付及使用管理

4.4.4.1　相关规定

我国《大中型水利水电工程建设征地补偿和移民安置条例》（国务院令第 679 号）对移民资金拨付和使用有明确的规定。例如，该条例第二十九条规定："项目法人应当根据移民安置年度计划，按照移民安置实施进度将征地补偿和移民安置资金支付给与其签订移民安置协议的地方人民政府。"第三十条规定："农村移民在本县通过新开发土地或者调剂土地集中安置的，县级人民政府应当将土地补偿费、安置补助费和集体财产补偿费直接全额兑付给该村集体经济组织或者村民委员会。"第三十二条规定："搬迁费以及移民个人房屋和附属建筑物、个人所有的零星树木、青苗、农副业设施等个人财产补偿费，由移民区县级人民政府直接全额兑付给移民。"第三十三条规定："移民自愿投亲靠友的，……移民区县级人民政府确认其具有土地等农业生产资料后，应当与接收地县级人民政府和移民共同签订协议，将土地补偿费、安置补助费交给接收地县级人民政府，统筹安排移民的生产和生活，将个人财产补偿费和搬迁费发给移民个人。"第三十四条规定："城（集）镇迁建、工矿企业迁建、专项设施迁建或者复建补偿费，由移民区县级以上地方人民政府交给当地人民政府或者有关单位。因扩大规模、提高标准增加的费用，由有关地方人民政府或者有关单位自行解决。"

《水电工程建设征地移民安置验收规程》（NB/T 35013—2013）中，要求"开展工程竣工移民安置验收工作之前，应完成移民资金审计工作"。

《四川省大中型水利水电工程移民工作条例》中对移民资金拨付和使用管理提出了要求。第四十六条："县级以上地方人民政府移民管理机构应当建立健全移民资金管理制度。"第四十七条："移民资金包括补偿和移民安置资金、后期扶持资金和财政补助资金。"第四十八条："项目法人按照资金年度计划和拨付协议将补偿和移民安置资金拨付至签订移民安置协议的移民管理机构。补偿和移民安置资金由移民管理机构实行专户存储、专账核算、专款专用，按照年度计划和实施进度逐级拨付、使用。"第四十九条："县级以上地方人民政府财政部门和移民管理机构共同管理移民后期扶持资金，对资金的使用情况进行监督和考核。移民管理机构负责制定后期扶持年度资金分配预案。财政部门负责审核资金分配预案、下达资金预算。财政补助资金按照财政专项资金规定管理使用。"

4.4.4.2 存在的问题

通过典型案例分析可知，在移民资金拨付和使用时，存在集体剩余土地两费未按规定进行使用分配、移民资金管理使用不规范等共性问题，以及项目法人未按协议要求拨付资金、移民个人补偿补助费用未按规划全面兑付到位、集体财产补偿费用未按规划拨付到位、移民单项工程未按规定进行财务决算、设计变更或规划调整审批后未及时签订移民安置补充协议等个性问题。具体问题阐述如下：

（1）剩余集体土地两费未按规定进行分配。锦屏一级水电站由于施工区与淹没区平衡单元不一致，以及部分村组涉及土地较多，剩余的土地两费数额特别巨大，各类争议较多，县级政府未充分发挥主体作用，土地两费的分配与使用稍有不慎就会引起攀比，产生误解与矛盾，导致锦屏一级水电站剩余的土地两费暂未发放。官地水电站移民安置后也存在集体土地两费、集体土地林木补偿费结余未使用的情况。

（2）移民资金使用管理不规范。早期项目移民主管部门财务支付凭证管理混乱，支付凭证无明细、未按相关要求归档等，导致资金清理困难。同时，部分项目由于前期实施各方重视不足，地方移民资金拨付未严格按移民概算条目区分，后期资金清理难以归项，一般在后期需要另行清理。

（3）移民单项工程未按规定财务结算。某些项目防护、公路等单项工程已完成工程竣工验收，但尚未进行工程结算和财务决算审计，未办理财务结算。

（4）资金审计组织问题。移民资金审计作为工程竣工移民安置验收的重要内容之一，应加以重视。移民资金审计可能是处理移民安置实施中有关问题的关键所在。当前水电工程设计规范中对移民安置资金审计暂无明确的规定，在移民投资概算中未计列资金审计工作所产生的相关费用。一旦需要开展审计时，组织单位难以明确。

4.4.5　移民档案建设和管理

4.4.5.1　相关规定

移民档案是指在水利水电工程移民工作中形成的具有保存价值的文字、图表、声像等不同形式和载体的历史记录，是反映移民工作过程的重要凭证。根据《国家档案局、水利部、国家能源局关于印发〈水利水电工程移民档案管理办法〉的通知》（档发〔2012〕4 号），工程竣工移民安置验收时，应同步验收移民档案，凡移民档案验收不合格的，不得通过移民安置验收。同时《水利水电工程移民档案管理办法》（档发〔2012〕4号）指出："各级档案行政管理部门、项目主管部门、水利水电工程移民行政管理机构、水利水电工程项目法人以及参与移民工作的有关单位应加强对移民档案工作的领导，采取有效措施确保移民档案的完整、准确、系统、安全和有效利用；移民档案工作实行'统一领导、分级管理、县为基础、项目法人参与'的管理体制"。

4.4.5.2　存在的问题

移民档案存在建设与管理不到位、不系统等问题，移民档案归档存在支付凭证存档后查询不便、移民档案等资料不规范、缺少目录等问题。

部分电站实物指标档案、移民安置档案资料整理不完整、不规范，如实物指标调查表上有未签字、未填写调查日期等情况；因县级移民管理机构人员变动等原因，移民安置协议等档案资料缺失、不完整；移民档案资料中容易出现漏盖章、漏签意见、漏写日期，相关资料未更新与实际实施不完全一致，以及作废的资料仍放在档案里且未标记为作废文件等情况。实物指标档案及移民安置方案由于资料数量大，容易出现未签字、未填写调查时期、资料未更新、作废的资料未标记等一般性错误，需及时更正。

目前对水电工程项目移民档案建设和管理进行竣工验收时，验收操作方式仍需进一步明确。若由移民专家验收，可能不符合档案管理要求；若由档案部门验收，很难保证资料的完整性，也可能提出很多整改要求，整改花费的时间较长，项目体量大的更是突出。建议进一步优化移民档案建设和管理的验收操作方式，研究是否可由移民专家牵头，档案部门参与的方式进行。

综上所述，在移民安置工作开展时，各单位应按照"统一领导、分级管理、县为基础、项目法人参与"的管理体制，规范水利水电工程移民档案收集归档工作。建立健全本单位移民档案管理条例规定，明确移民档案具体的收集范围、归档标准以及其他相关事项。加强对移民档案收集归档工作的监管，确保水电工程移民档案中相关资料数据的完整、准确和系统，确保档案管理工作的规范和安全。同时应选拔档案管理专业能力和责任心较强的人员担任水利水电工程移民档案的管理人员。进一步优化移民档案建设和管理的验收操作方式，研究由移民专家牵头、档案部门参与的方式的可行性。通过高度重视及积极采取有效措施，从而在工程竣工移民安置验收时提交出一套完整、准确、系统的移民档案。

4.5　验收组织和程序合规合理性

4.5.1　国家和行业相关规定

（1）在国家层面出台的《水利部关于印发〈大中型水利水电工程移民安置验收管理办法〉的通知》（水移民〔2022〕414 号）中，明确了移民安置验收组织，即移民安置验收是按照自验、初验、终验的顺序组织自下而上进行，并对验收委员会的组建进行了细化规定。例如，验收委员会由验收组织或者主持单位、项目主管部门、有关地方人民政府及其移民管理机构和相关部门、项目法人、移民安置规划设计单位、移民安置监督评估单位，以及其他相关单位的代表和有关专家组成。同时也明确了移民安置验收程序，并分别对自验、初验和终验的工作程序进行了细化规定。例如，移民区和移民安置区县级人民政府应当按照移民安置验收工作计划组织开展移民安置自验工作，移民区和移民安置区县级人民政府应当在自验通过之日起 30 个工作日内，向移民安置初验组织单位提出初验申请。

（2）根据《水电工程建设征地移民安置验收规程》（NB/T 35013—2013），对验收工作组织和步骤的相关规定如下：

1）移民安置验收工作由省级人民政府组织。验收前，应成立验收委员会，并设主任委员单位和副主任委员单位。主任委员单位由省级人民政府规定的移民管理机构担任，副主任委员单位由省级投资或者能源主管部门、市级人民政府和计划单列企业集团等单位担任，可视实际情况由主任委员单位决定增减。

2）移民安置验收委员会宜成立专家组，开展验收的技术检查与评价工作，召开验收技术会议，提出经专家组成员签字的专家组验收意见。成立专家组的，专家组组长应为验收委员会成员。

3）移民安置验收应按验收准备、工作检查、验收会议等步骤开展工作。首先，与项目法人签订移民安置协议的地方人民政府，或者县级人民政府逐级向省级人民政府提出移民安置验收请示；其次，省级人民政府明确验收主任委员单位开展移民安置验收工作，验收委员单位根据项目实际情况，组织成立验收委员会，确定副主任委员和成员单位，编制验收工作大纲（方案），根据规定召开验收工作启动会议，研究部署验收工作，筹备验收专家组；再者，主任委员单位组织实施各方开展验收准备工作，验收委员会组织开展现场检查工作，主任委员单位主持召开验收工作会议；最后，主任委员单位向省级人民政府上报移民安置验收报告。

4.5.2　地方相关规定

4.5.2.1　四川省相关规定

四川省大型水利水电工程基本是按照水电移民安置验收的行业规范和四川省相关管理办法《四川省大中型水利水电工程移民安置验收管理办法》（川扶贫发〔2018〕15 号）相关规定，开展截流和蓄水阶段移民安置验收工作，在这些相关规程、办法等文件中对验收组织和程序的规定内容较为明确，能够指导大型水利水电工程阶段性移民安置验收工作的有效开展。其主要内容（部分节选）如下：

第四章 验收组织和程序

第十条 验收组织

……

（二）水电工程移民安置验收分为自验、验收。

自验由移民区和移民安置区县（市、区）人民政府组织，市（州）人民政府及其移民管理机构负责指导、监督。

验收由省人民政府移民管理机构根据省人民政府交办通知组织。

（三）终验（验收）委员会的组建。

水利水电工程移民安置终验（验收）前，省人民政府移民管理机构组织成立终验（验收）委员会，终验（验收）委员会由主任委员、副主任委员和委员单位组成。主任委员单位为省人民政府移民管理机构，副主任委员单位为省政府办公厅、省发展和改革委员会（能源局）、水利厅、市（州）人民政府，委员单位有省委政法委员会（蓄水阶段）、自然资源厅、林业和草原局、交通运输厅、住房和城乡建设厅、文化和旅游厅、省卫生健康委员会、市（州）移民管理机构、项目法人等单位，具体由主任委员单位根据工作需要确定。移民安置终验（验收）委员会组织成立专家组，专家组组长为终验（验收）委员会成员。终验（验收）委员会单位代表按照验收工作大纲（方案）开展验收工作，代表单位履行验收职责。

初验委员会可参照终验委员会组建。

第十一条 验收程序

……

（二）水电工程移民安置自验。

项目法人向县（市、区）人民政府提出验收申请。

县（市、区）人民政府征求移民对开展验收工作的意见，组织项目法人、综合设计（设代）、综合监理、独立评估等单位进行自验。自验通过后，县（市、区）人民政府逐级报请省人民政府验收。

（三）水利水电工程移民安置终验（验收）。

省人民政府移民管理机构收到省人民政府交办通知后，组织开展移民安置终验（验收）前移民安置实施情况现场检查。具备验收条件的，启动验收；不具备验收条件的，终止验收。

终验（验收）委员会编制终验（验收）工作大纲（方案）、组织现场检查、召开验收会议，听取县级人民政府、项目法人、综合设计（设代）、监督评估等单位的工作报告，专家组形成验收专家组意见，终验（验收）委员会经会议讨论形成验收报告。验收中发现的问题，由终验（验收）委员会协商处理，主任委员单位对争议问题有裁决权。

验收报告应经三分之二以上的终验（验收）委员会单位代表同意。终验（验收）委员会各单位代表对验收报告签署意见。对验收报告持不同意见的，应在验收报告中明确记录。

4.5.2.2　云南省有关规定

目前，云南省大型水利水电工程基本是按照水电移民安置验收的行业规范和云南省相关管理办法《云南省大中型水利水电工程移民安置验收管理办法》（云移发〔2016〕137号）相关规定，开展截流和蓄水阶段移民安置验收工作。该管理办法的主要内容如下：

第二章　验收组织和程序

第八条　大中型水利水电工程截流、蓄水（含分期蓄水）、竣工移民安置具备验收条件后，由项目法人向县（市、区）人民政府提出验收申请，县（市、区）人民政府应当组织自验后上报州（市）人民政府，州（市）人民政府组织初验或者终验工作；由州（市）人民政府组织初验的上报省移民管理机构组织终验工作。

第九条　移民安置验收应当在移民安置单项工程全部验收合格后进行，验收委员会由主任委员、副主任委员和成员单位组成，成员单位由正、副主任委员单位根据工作需要确定。

移民安置自验委员会主任委员应当由县级人民政府或者其授权部

门的代表担任。自验委员会成员应当包括县级人民政府及其移民管理机构和相关部门、州（市）移民管理机构、有关乡（镇）人民政府、项目法人、移民安置规划设计单位、移民安置监督评估单位的代表、有关专家和移民代表。

移民安置初验委员会主任委员应当由移民安置初验组织单位的代表担任。初验委员会成员应当包括移民安置初验组织单位、有关县级以上人民政府及其相关部门、项目法人、移民安置规划设计单位、移民安置监督评估单位的代表和有关专家。

移民安置终验委员会主任委员应当由移民安置验收组织单位的代表担任。验收委员会成员应当包括项目主管部门、有关县级以上人民政府及其相关部门、项目法人、移民安置规划设计单位、移民安置监督评估单位的代表和有关专家。

第十条 移民安置验收委员会，根据验收申请和验收报件，委托技术部门编制验收工作大纲，成立验收专家委员会，组织专家实地开展检查验收工作，提出检查验收意见；在完成检查验收工作的基础上，验收委员会委员召开验收会议，形成验收意见，提出验收报告。

验收结论应当达到三分之二以上委员会成员同意，并在验收文件上签字。验收委员会或者成员有保留意见的，应当在验收签字书和验收报告附件中明确记载并签字。

第十一条 专业项目改（复）建工程按管理权属，由各级移民管理机构会同行业主管部门组织验收。

第十二条 水库库底清理由县（市、区）移民管理机构会同项目法人、卫生防疫、林业等单位组成验收小组进行验收。

第十三条 移民安置验收中发现的问题，相关责任单位应当及时进行整改，妥善处理。

4.5.3 存在的问题

根据水电行业和四川省现行相关政策规定，对蓄水阶段和工程竣工移民安置验收组织和程序的规定或要求基本相同。

通过对四川省部分大型水利水电工程阶段性移民安置验收工作实施情况调研可知，四川省水利水电工程阶段性移民安置验收工作组织和程序基本按照国家、行业和四川省的相关规定或要求执行，各方在实际工作过程中对工程截流、蓄水阶段性和工程竣工移民安置验收工作组织和程序不存在大的争议，相关工作能够正常有序进行。但是，就验收组织而言，部分项目在阶段性移民安置验收工作中（特别是自验）存在参与单位不尽明确的现象，即尚未充分结合项目特点和工作需要明确参与移民安置验收工作的单位组成，造成部分单位工作任务不明确、工作落实不到位、部分工作费用不明确等问题。由于验收工作时间紧、任务重、项目多，实施各方进行移民安置验收时容易出现漏项、报告编制不及时、重点和关键问题难以解决等问题，一定程度上影响了相关验收工作的高效开展。也存在竣工验收工作推进动力不足、竣工验收的自初验周期和省级检查后的整改周期长，延误了竣工验收时间等问题。

【案例一】 两河口水电站

两河口水电站是雅砻江中下游的"龙头"水库和金沙江主要支流的"控制性"水库梯级，正常蓄水位为 2865.00 m，电站装机容量为300 万 kW，多年平均年发电量约 114.91 亿 kW·h。两河口水电站于2020 年开展工程蓄水阶段移民安置验收工作，由四川省扶贫开发局为主任委员，四川省政府办公厅、省发展和改革委员会（能源局）、甘孜藏族自治州（以下简称"甘孜州"）政府、水电水利规划设计总院等单位为副主任委员，省委政法委、省自然资源厅、省林业和草原局、省卫生健康委员会、甘孜州扶贫开发局、雅砻江流域水电开发有限公司等单位组成两河口水电站移民安置验收委员会，并成立了工程蓄水移民安置验收专家组。同时，两河口水电站移民安置验收委员会制定了工程蓄水移民安置验收工作大纲，并组织专家和有关各方进行了现场查勘，重点对生产安置、移民搬迁、集镇迁建、专业项目复建、移民资金使用、建设用地手续办理、移民安置档案建档等实施情况进行了现场检查；验收会议上，各方听取了中国电建集团成都勘测设计研究院有限公司关于移民规划设计工作的报告、库区各县移民安置实施工作情况报告及自验结论、雅砻江流域水电开发有限公司关于移民实施管理工作的报告、移民综合监理单位〔中国电建集团北京勘测设计研究院有限公司、中国电建集团贵阳勘测设计研究院有限公司、长江工程监理咨询有限公司（湖北）〕关于移民综合监理工作的报告以及独立评估单位（长江设计集团有限公司、中国电建集团贵阳勘测设计研究院有限公司、中国电建集团西北勘测设计研究院有限公司）关于移民独立评估工作的报告、甘孜州移民主管部门对移民安置实施监督管理报告，并进行了认真讨论，形成了两河口水电站移民验收会议专家组意见以及两河口水电站移民安置验收报告；在验收报告中，三分之二以上的验收委员会单位代表均同意两河口水电站通过蓄水阶段移民安置验收。

【案例二】 官地水电站

官地水电站水库正常蓄水位 1330.00 m，总库容 7.60 亿 m³，最大坝高 168 m，电站装机容量 240 万 kW，多年平均年发电量单独运行时为 111.29 亿 kW·h，联合运行时为 118.7 亿 kW·h。官地水电站于 2007 年 12 月实现大江截流，2011 年 11 月完成工程蓄水，2013 年 3 月全部机组投产发电。官地水电站于 2019 年开展移民安置竣工验收工作，由四川省扶贫开发局为主任委员，四川省政府办公厅、省发展和改革委员会（能源局）、凉山州政府、水电水利规划设计总院等单位为副主任委员，省委政法委、省自然资源厅、省林业和草原局、省卫生健康委员会、凉山州扶贫开发局、雅砻江流域水电开发有限公司等单位组成官地水电站移民安置竣工验收委员会，并成立了移民安置竣工验收专家组。同时，官地水电站移民安置竣工验收委员会制定了移民安置竣工验收工作大纲，并组织专家和有关各方进行了现场查勘，重点对生产安置、移民搬迁、专业项目复建、移民资金审计、建设用地手续办理、移民档案管理等实施完成情况进行了现场检查；验收会议上，各方听取了中国电建集团成都勘测设计研究院有限公司、库区各县、雅砻江流域水电开发有限公司、移民综合监理单位、独立评估单位以及凉山州移民主管部门关于移民安置竣工验收的工作报告，并进行了认真讨论，形成了官地水电站移民安置竣工验收会议专家组意见以及官地水电站移民安置竣工验收报告；在验收报告中，三分之二以上的验收委员会单位代表均表示同意，标志着官地水电站移民安置竣工验收顺利通过。在竣工验收过程中，验收组织和程序上仍存在需进一步改进的地方，例如，竣工验收工作由地方政府逐级往上推进，但地方政府对竣工验收积极性不高，且程序复杂、周期长，导致竣工验收工作推进动力不足；另外，由于在自验初验时没有邀请专家介入验收以及必备文件上报时地方政府把关不多等，在省级移民管理机构组织检查后，官地水电站移民安置竣工验收需要较长时间整改，加之地方政府对整改缓慢，导致整改周期持续了三年时间。

4.6 小结

本章主要从验收依据充分性、必备文件齐备性、验收范围确定性、验收内容和条件满足度以及验收组织和程序合规合理性五个方面，对工程竣工移民安置验收中存在的主要问题进行了深入分析，存在的主要问题归纳如下：

（1）在验收依据方面，主要存在移民安置实施过程中变更项目多，部分项目难以达到规定的竣工验收依据等问题。

（2）在必备文件的齐备性方面，主要存在竣工验收前部分项目未及时编制移民安置独立评估工作报告、各方编制的工程竣工移民安置验收工作报告数据及说法存在差异、移民安置资金审计报告委托不及时等问题。

（3）在验收范围确定性方面，主要存在对新增影响区是否纳入竣工验收范围的判定条件、是否分期纳入竣工验收范围不明确，以及整合（拼盘或分摊）资金使用项目是否纳入验收范围无相关规定等问题。

（4）在验收内容和条件满足度方面，存在的主要问题有以下几个方面：①在农村移民安置及验收方面，问题主要集中在生产安置、搬迁安置、个人补偿补助费用兑付及临时用地复垦等；②在迁建城市集镇及其他移民工程建设及验收方面，问题主要集中在移民单项工程竣工验收存在档案资料等方面的现实困难，以及单项工程投入运行后增加的管理费导致地方政府对移民单项工程竣工验收积极性不高等；③在企事业处理方面，问题主要包括部分一次性补偿企业难以达到验收标准、行业周期变化，企事业单位处理方式未按审定规划实施以及企业超规划费用处理困难等；④在移民资金拨付及使用管理方面，主要存在集体剩余土地两费未按规定进行分配、移民资金管理使用不规范等共性问题，以及项目法人未按协议要求拨付资金、移民个人补偿补助费用未按规划全面兑付到位、集体财产补偿费用未按规划拨付到位、移民单项工程未按规定进行财务决算、设计变更或规划调整审批后未及时签订移民安置补充协议等个性问题；⑤在移民档案建设和管理方面，主要存在移民档案存在建设与管理不到位、不系统等问题，移民档案归档存在支付凭证存档后查询不便、移民档案等资料不规范、缺少目录等问题。

（5）在验收组织和程序合规合理性方面，部分项目在移民安置验收工作中（特别是自验）存在参与单位不尽明确的现象，即尚未充分结合项目特点和工作需要明确参与移民安置验收工作的单位组成，造成部分单位工作任务不明确，工作落实不到位、部分工作费用不明确等问题。

第5章

工程竣工移民安置验收关键问题处理

5.1 关键问题提出

本书结合水电工程竣工移民安置验收工作实践，从工作依据、验收范围、验收资料、验收内容等方面梳理总结了一些存在的问题。为提高水电工程竣工移民安置验收效率，针对现有的问题清单进行分类分析，根据问题出现的频次以及问题对验收结果的影响程度，综合评判其重要性，根据其重要程度定义为一般问题和关键问题。从问题的性质及问题的影响程度两个层面，研究衡量问题的重要性。其中，问题的性质分为个性和共性两个层面；问题的影响程度分为较轻、较重和严重三个层面，具体定义见表5.1。

表 5.1 影响工程竣工移民安置验收的问题分析评价表

序号	名称	类别	描　　述
1	问题的性质	个性	在不同工程中同时出现的概率较低
		共性	在不同工程中同时出现的概率较高
2	问题的影响程度	较轻	对验收目标的影响可以忽略
		较重	对验收目标造成影响，不影响总体目标
		严重	对验收目标造成严重影响，甚至影响通过

　　基于对上述问题的分析，以问题的性质作为横轴，问题的影响程度作为纵轴，建立了关键问题评价矩阵，如图 5.1 所示。

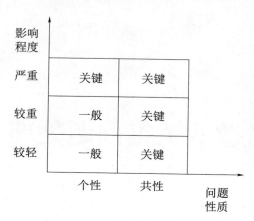

图 5.1　关键问题评价矩阵

　　个性问题是指极少工程会出现的，可能是实施组织不当导致的问题；共性问题是指出现频率较高，且不同工程均存在的问题。在个性问题中对验收影响较轻或较重的问题，定义为一般问题，即可以在短期内完成整改通过验收，或者保留问题不处理而对验收结果不造成影响；对于个性问题中的严重问题和共性问题中的较轻、较重以及严重问题，研究均定义为关键问题，即在个别项目中出现的制约验收，以及不同项目中均会发生的问题。关键问题是直接影响验收的制约性因素，直接影响验收工作的成败。从关键问题入手，研究处置方案对推动验收工作具有现实指导意义。

5.2　关键问题分析确定

　　目前，全国范围内水电工程竣工移民安置验收较少，例如在雅砻江流域各水电站中，只有官地水电站已顺利通过工程竣工移民安置验收，锦屏一级、桐子林水电站正在开展工程竣工移民安置验收问题整改。对关键问题的分析将重点围绕完成移民安置工作、基本具备竣工验收条件和已完成竣工验收的工程，同时对正在开展移民安置的工程进行相关延伸分析。

　　按照分析整理出的问题清单，结合雅砻江流域各工程的实施情况，对其进行逐项分析，详见表 5.2。

表 5.2　　　　　在建及已建水电站工程竣工移民安置
验收存在关键问题分析表

序号	类别	子序号	问题描述	问题发生的水电站	问题定性（个性、共性）	问题影响（较轻、较重、严重）	问题类别（一般、关键）
一	验收依据	1	现行验收依据对2006年以前老项目的适用性不高	二滩、龚嘴、铜头、小湾子、硗碛等	个性	严重	关键
		2	规划调整报告编审工作影响工程竣工移民安置验收的启动	官地、桐子林、两河口、杨房沟、龙开口等	共性	严重	关键
二	验收范围	3	新增影响区全部纳入竣工验收范围的合理性	锦屏一级、桐子林、官地、民治等	个性	严重	关键
三	验收资料	4	移民资金审计工作开展有待规范	官地、锦屏一级、出居沟、阿海、梨园等	共性	严重	关键
四	验收内容	5	土地批复与土地征收相关数据的衔接问题		共性	严重	关键
		6	部分移民单项工程验收及移交困难	锦屏一级、两河口、桐子林、梨园、出居沟等	共性	较重	关键
		7	企业处理验收标准偏高	桐子林、鲁地拉、阿海等	个性	严重	关键
		8	移民资金使用及结余资金的安排有待规范	官地、锦屏一级、桐子林、两河口、民治、出居沟等	共性	严重	关键
		9	后期扶持政策落实的验收内容有待细化	官地、锦屏一级、桐子林、两河口、鲁地拉等	共性	较重	关键
		10	移民安置规划目标的评价内容有待细化	官地、锦屏一级、桐子林、两河口、等	共性	严重	关键
		11	移民档案管理的验收内容有待细化	官地、锦屏一级、桐子林、两河口、枕头一级等	共性	较重	关键
五	验收组织	12	验收组织效率有待提高	官地、锦屏一级、民治、出居沟	共性	较重	关键
六	验收管理	13	移民工作有关各方在验收工作中的职责有待细化	官地、锦屏一级、鲁地拉	共性	较重	关键

　　根据关键问题评价矩阵，结合雅砻江流域在建及已建工程竣工移民安置验收存在问题分析表，按照问题清单的分析结果，梳理出了 13 个工程竣工移民安置验收关键问题清单，见表 5.3。

表 5.3　　　　　　　　　　关 键 问 题 清 单

序号	问 题 描 述	问题分类
1	现行验收依据对 2006 年以前老项目的适用性不高	验收依据
2	规划调整报告编审工作影响工程竣工移民安置验收的启动	验收依据
3	新增影响区全部纳入竣工验收范围的合理性	验收范围
4	移民资金审计工作开展有待规范	验收资料
5	土地批复与土地征收相关数据的衔接问题	验收内容
6	部分移民单项工程验收及移交困难	验收内容
7	企业处理验收标准偏高	验收内容
8	移民资金使用及结余资金的安排有待规范	验收内容
9	后期扶持政策落实的验收内容有待细化	验收内容
10	移民安置规划目标的评价内容有待细化	验收内容
11	移民档案管理的验收内容有待细化	验收内容
12	验收组织效率有待提高	验收组织
13	移民工作有关各方在验收工作中的职责有待细化	验收管理

5.3　验收依据关键问题解决思路

5.3.1　验收依据类

5.3.1.1　背景分析

　　根据《国家计委关于印发水电工程移民工作暂行管理办法的通知》（计基础〔2002〕2623 号），要求"移民安置的实施必须实行监理制度"，自此我国开始实行水电移民监理制度，在此之前的大中型水利水电工程均无该项制度。现行的工程竣工移民安置验收要求地方政府、项目法人、设计单位、监理单位和评估单位五个主体都应参与。而"计基础〔2002〕2623号文"发布之前，并没有监理单位，由于历史久远，人员变动大，大量的老项目很难满足现行验收要求，导致难以验收。现行的水电工程移民安置验收规范是基于2006年施行的《大中型水利水电工程建设征地补偿和移民安置条例》（国务院令第471号）、《水电站基本建设工程验收规程》（DL/T 5123）等有关法律及技术标准制定的，在开展竣工验收时，不同时期项目在相关依据文件上存在缺失造成竣工验收难以开展。以四川省为例，大型电站中的二滩、宝珠寺、福堂坝、龚嘴、铜街子，中型电站中的小龙门航电、青居、凤仪航电、金银台航电、红岩子、马回、瓦屋山、新政航电等数百座工程暂未开展竣工验收。为妥善完成2006年以前项目的工程竣工移民安置验收工作，切实解决历史遗留问题是非常必要的。

2006年国务院发布了《关于完善大中型水库移民后期扶持政策的意见》（国发〔2006〕17号）和《大中型水利水电工程建设征地补偿和移民安置条例》（国务院令第471号）后，四川省人民政府结合四川省移民工作实际，同年10月出台了《关于贯彻国务院水库移民政策的意见》（川府发〔2006〕24号，以下简称"《意见》"）。《意见》明确"以2006年9月1日为时间界限，分类编审水利水电工程移民安置规划：①2006年9月1日以前已竣工的工程只编审移民后期扶持规划；②2006年9月1日以前已审批或核准的在建工程，不再重新编审移民安置规划，但应补充编审移民后期扶持规划，其中，未完成移民安置实施规划设计及审批的，应继续按原有规定完成设计和报审；③2006年9月1日以后审批或核准的新建工程，应严格按《大中型水利水电工程建设征地补偿和移民安置条例》（国务院令第471号）规定编审移民安置规划"。

《水电工程建设征地移民安置规划设计规范》（DL/T 5064—2007）（以下简称"07规范"）对移民安置规划设计成果的要求较《水电工程水库淹没处理规划设计规范》（DL/T 5064—1996）（以下简

称"96 规范")有较大改动，突出体现在可研阶段的移民安置规划应达到初步设计深度，取消了"96 规范"移民安置实施规划编制要求。因此，从规划设计文件角度来看，存在以下三类情形：①在"96 规范"以前，一般按初步设计、技施设计两个阶段编制水库淹没处理设计报告，甚至在以前没有开展水库专业设计报告编制的，也直接纳入主体工程作为独立篇章处理，这时期移民规划的编制内容相对粗放；②在"96 规范"至"07 规范"之间，按规定编制了移民安置实施规划；③在"07 规范"以后，编制移民安置规划报告。

目前移民安置验收相关规程规范主要基于"07 规范"，因此，研究定义的老项目为"07 规范"出台前已完成规划审批或已开展移民安置的项目。

现行的验收标准从移民安置规划、实施到后期扶持，制定了细致的验收内容、条件和标准。老项目距今已 15 年以上，存在着档案缺失、任务不清、资金不明、手续不全等先天性的缺陷。按照现行的验收标准，对老项目开展验收存在以下问题：

（1）移民安置规划深度难以满足验收需要。①"96 规范"以前的项目规划缺失，或者有规划，但规划精度过低，难以指导验收；②"96规范"至"07 规范"之间的部分项目未按规定编制移民安置实施规划，为开展验收，是否有必要补充编制移民安置实施规划；③在"96 规范"以前的规划篇章或"96 规范"至"07 规范"之间的实施规划与移民安置实施相差较大的情形下，如何完善规划成果。

这些老项目肩负了当时的工程使命，是处于特定历史条件下完成的移民安置，存在一定的"历史客观性"。从尊重历史、实事求是出发，老项目并非"一无是处"，相反，很多项目在当时都是意义非凡的重大基础设施工程，移民安置工作对于水电工程建设具有积极卓越的贡献，一旦按照现行的验收标准重新启动规划编制或调整工作，将对地方局部社会稳定产生较大影响。

（2）移民监督评估单位缺位，移民安置实施情况处理难度大。

2006 年以前未全面实施移民监督评估，移民安置工作主要依靠地方人民政府组建现场指挥部组织实施，以包干性质为主。例如，紫坪铺水利枢纽仅在集镇迁建方面委托了移民综合监理单位，农村部分委托了移民监测评估单位，其工作内容和深度远达不到现行规范的要求。启动这些老项目的竣工验收，地方政府是主力，但由于时间久远，人员流动、离任等因素，难以在短期内完成高质量的处理。

（3）移民资金使用管理不规范。2016 年以后开展了一些老项目的竣工验收，如四川省凉山西溪河联补水电站、甘孜州九龙河沙湾水电站等，普遍存在移民个人和集体资金以现金兑付、独立费以拨代支、未设置移民资金专户和专账等问题。移民资金以项目法人管理为主，地方移民实施机构变迁多次，移民资金账户清理难度大。

（4）征地手续、移民单项工程验收、档案验收等办理困难。老项目在实施过程中存在进度超前，手续不完备的情形，如紫坪铺水利枢纽至今未办理建设用地手续。一些项目的移民安置点、供水工程、防护工程等移民单项工程未开展验收，有些移民项目已经发生损毁，如何完善手续值得进一步研究。移民个户搬迁协议基本缺失，项目法人与地方政府的包干协议较为少见，难以用现行的验收标准去衡量。

（5）历史遗留问题处理难。一些老项目处于新老条例交替期间，移民安置实施工作按照老条例开展，移民安置收尾工作则按照新条例开展规划编制或规划调整工作。由于多种历史原因制约，从维护社会经济稳定发展角度出发，移民补偿补助标准调整后，难以按批准的规划成果进行兑付，移民结余资金依法合规处理存在较大难度。

5.3.1.2 解决思路

1991 年 5 月 1 日起施行的《大中型水利水电工程建设征地补偿和移民安置条例》（国务院令第 74 号）第十一条明确规定"工程竣工后，由该工程的主管部门会同移民安置区县级以上地方人民政府对移民安置工作进行检查和验收"。2006 年 9 月 1 日起施行的《大中型水利水电工程建设征地补偿和移民安置条例》(国务院令第 471 号)第三十七条明确规定"移民安置达到阶段性目标和移民安置工作完毕后,省、自治区、直辖市人民政府或者国务院移民管理机构应当组织有关单位进行验收;移民安置未经验收或者验收不合格的,不得对大中型水利水电工程进行阶段性验收和竣工验收",由此确立了移民安置验收前置于工程验收的程序要求。按照《中华人民共和国立法法(2015 年修正)》的第九十三条"法律、行政法规、地方性法规、自治条例和单行条例、规章不溯及既往",结合水电工程移民安置规范的发展进程,对不同时期的水电项目按照不同的思路进行处理。具体解决思路如下:

1. 1991 年 4 月前已完成移民安置但未开展工程竣工移民安置验收的项目

1991 年以前各省尚未大规模启动水电开发建设,在建及已建的大中型水利水电工程数量不多,同时这部分工程的移民已基本稳定,并于 2006 年起实现了全面后期扶持。这类工程项目距今年代久远,档案资料缺失严重,启动移民安置规划实施情况的全面核查十分困难。因此,建议采取以下方案来解决工程竣工移民安置验收问题:

(1)非必要不开展验收。不再开展这段时期大中型水利水电工程的移民安置验收工作,视为这段时期工程的移民安置全部完成。因项目法人资金决算等工作需要必须提供佐证材料的,由县级人民政府结合历史档案资料情况、移民安置情况、移民后扶情况,从移民安置实施背景、移民安置现状、结论及建议三个方面出具移民安置相关工作情况的说明提交项目法人,作为移民安置的行政意见。项目法人可委托第三方技术服务单位协助县级人民政府对这段时期移民工作的开展情况进行清理,同时出具相关工作情况的行政意见并提供必要的技术意见作为决策支撑。

(2)统一标准一次性解决。针对这段时期大中型水利水电工程移民安置实际,由省级移民管理机构开展全省范围的摸底,开展一次性收尾。一次性收尾宜以县为单位开展梳理,由县级政府统一委托第三方技术服务单位开展移民安置实施后评估，以移民安置现状为基础，追溯工程建设期移民安置情况，重点反映移民安置实施效果。省级移民管理机构对移民安置后评价报告进行审查，其审查结论作为移民安置验收的成果。

2. 1991 年 5 月至 2006 年 9 月之间完成移民安置但未开展工程竣工移民安置验收的项目

在"96 规范"出台以前，移民安置规划较为简单，与实施不尽一致。"96 规范"对初设阶段和实施阶段的规划进行了一些完善，但工作精度和深度仍有所欠缺。按照《大中型水利水电工程建设征地补偿和移民安置条例》（国务院令第 74 号）的要求，在此期间的水利水电工程的移民安置由该工程的主管部门会同移民安置区县级以上地方人民政府进行检查和验收。建议采取以下方案来解决工程竣工移民安置验收问题：

（1）规范开展验收。

1）按照实施规划报告进行验收。以往编制过实施规划报告的，按照实施规划报告的任务、方案及投资进行验收；未编制过实施规划报告的，项目法人委托主体设计单位编制移民安置实施规划报告，明确任务、方案、投资等主要内容。

2）有综合监理或者监测评估单位的，提供综合监理或者监测评估工作报告，工作报告应全面反映移民安置实施情况及资金到位、使用情况；未委托综合监理或者监测评估单位的，由项目法人委托第三方技术服务单位开展移民安置实施后评估，全面反映前期规划审批、移民安置实施、后期扶持实施、移民安置效果、综合评价等内容。

3）由项目法人委托验收技术服务单位，开展验收大纲的编制，并报验收委员会审议通过后，作为验收工作开展的依据。验收大纲应明确对特殊问题的处理方式、验收的标准等内容。

（2）简化验收。以县为基础，对本辖区内这段时期大中型水利水电工程移民安置情况进行分析，并提出处理建议。省级移民管理机构汇总全省该时期工程移民安置情况后，提出变通的验收方式，如不查验手续、不提交监理报告、不开展资金审计等，报请省政府同意后，发布实施。也可以通过说明报告、回忆录的形式替代五方报告，实现工程竣工移民安置验收工作。其中，工程竣工移民安置验收的核心在于移民安置是否全部完成、移民生产生活条件是否恢复等。

3. 2006 年 10 月以后完成移民安置但未开展工程竣工移民安置验收的项目

"07 规范"较"96 规范"在移民安置规划的编制要求方面变化较大，对于 2006 年 10 月以后批复移民安置规划的项目，现行的验收依据对其适宜性相对较好。问题主要集中在 2006 年 10 月以前批准移民安置规划，但 2006 年 10 月以后完成移民安置的项目。对此类项目，建议不再按现行规定完善设计变更，按照一次性解决的思路处理。

（1）将批准的实施规划或者规划调整报告作为验收依据。根据现行验收规定要求，按照移民安置实施规划开展移民安置验收，必要时开展移民安置规划调整工作，报经原审批单位审批后作为验收依据。

（2）编制移民安置验收专题报告作为验收依据。结合现有移民安置规划和实施情况，由项目法人委托设计单位编制移民安置验收专题报告，明确移民安置任务、方案、投资等主要内容。

5.3.1.3　推荐方案

按照新老移民条例的规定，对老项目进行分类处理是合法的。在《大中型水利水电工程建设征地补偿和移民安置条例》（国务院令第 74 号）文件出台前，国家层面没有关于移民安置验收的有关规定，可视为随工程一并验收。国务院令第 74 号文件出台以后，省级移民管理机构可以对该安置条例中的"工程竣工"和"县级以上地方人民政府"的相关规定进行扩展，并参照现行验收的组织和标准对程序和要求进行简化。《大中型水利水电工程建设征地补偿和移民安置条例》（国务院令第 471 号）文件出台后才完成移民安置的项目，面临新老政策的交替影响，存在一些特殊问题，以现行的规划调整报告或移民安置验收专题报告一揽子解决具有现实意义。

以四川省 2021 年 12 月底统计的全省大中型水利水电工程移民工作概况为例，已经蓄水的大中型水利水电项目共 366 座，其中定义为老项目的有 236 座，因此，妥善处理老水库的验收对工程验收具有重要的推动作用。通过对不同时期拟选方案进行比较分析，本书推荐方案见表 5.4。

表 5.4   **不同时期项目工程竣工移民安置验收推荐方案**

老项目类型	处理方案	优劣势分析	推荐方案
1991 年 4 月前已完成移民安置但未开展工程竣工移民安置验收的项目	方案一：非必要不开展验收。必要时，由县级人民政府出具实施总结说明文件	优点：程序相对简单。 缺点：验收结论未经省级移民管理机构的认可，遗留问题处理效果偏弱	方案一
	方案二：统一标准一次性解决。省级移民管理机构指导地方编制移民安置实施后评价报告，审查结论作为验收成果	优点：验收结论较为正式。 缺点：程序复杂，项目业主需保障后评价相关工作费用	
1991 年 5 月至 2006 年 9 月之间完成移民安置但未开展工程竣工移民安置验收的项目	方案一：规范开展验收。按照实施规划或规划报告开展验收；没有移民监理的委托第三方技术单位开展移民安置后评价报告；编制移民安置验收大纲，对遗留问题进行专项研究处理	优点：验收较为规范。 缺点：流程烦琐，项目业主实施难度大、沟通协调工作量大	方案二
	方案二：简化验收。由省级移民机构开展摸底调研，针对这段时期项目实际情况，弱化对手续、移民资金审计等要求，简化验收流程等。不开展自初验	优点：利于同类项目的统筹处理。 缺点：前期摸底调研、请示、批复时间较长	

老项目类型	处理方案	优劣势分析	推荐方案
2006 年 10 月以后完成移民安置但未开展移民竣工验收的项目	方案一：将批准的实施规划或规划调整报告作为验收依据	优点：利于维护规划的严肃性，有据可依。 缺点：验收过程中遗留问题协调难度大	方案一
	方案二：编制移民安置验收专题报告作为验收依据	优点：利于验收工作。 缺点：专题报告的编制、协调、审批协调量大。遗留问题处理时间紧促，难度大	

5.3.2　移民安置规划

5.3.2.1　背景分析

移民安置规划报告在工程可研报告审批前批复，距竣工验收已间隔多年，短则 5 年，长则 10 年以上。实施阶段，受政策变化、移民安置意愿、工程施工条件变化等众多因素影响，移民安置设计变更频繁。因此，在竣工验收阶段，不能按照可研审批的移民安置规划确定验收范围、任务、资金等，需要统筹已批复的设计变更成果。目前常见的直接用于工程竣工移民安置验收的依据有规划报告、规划报告＋设计变更报告、规划调整报告和竣工验收专题报告。

（1）规划报告。以可研阶段批复的移民规划大纲和规划报告为准，部分老项目以审批的实施规划报告为准。可用于实施阶段无设计变更或变更较小的项目，不适用于设计变更较多、较大的项目。

（2）规划报告＋设计变更报告。四川省对移民安置设计变更的管理比较成熟，一般设计变更由县级人民政府批复，重大设计变更由省级移民管理机构批复。移民安置基本完成、启动竣工验收工作后，常常需面对几十项甚至上百项的设计变更成果及批复意见，有些项目甚至出现了几次设计变更的情形。因此对于直接采用规划报告＋设计变更报告的方式指导验收的，需要解决设计变更成果技术性汇总问题。

（3）规划调整报告。规划调整报告是对规划报告的调整，在编制深度、审批程序等方面与规划报告一致。在开展规划调整报告编制过程中，各级移民管理机构、项目法人、设计、监理以及评价单位等有关方面存在利益博弈，导致规划调整报告送审难度大，正常情形下需耗时一至两年，部分甚至夭折。

例如，四川省的 MEG 工程移民安置基本实施完成，但受以下几方面因素影响，规划调整报告编制启动后就被搁置：①省级移民管理机构对于规划调整报告的编制要求进行了重新明确，对于已实施的设计变更未履行设计变更程序的一律不得纳入规划调整报告，造成项目需补充已实施的设计变更的合法审批流程；②项目法人与设计单位在规划调整报告编制费用方面未取得一致意见，造成设计单位编制报告的主动积极性低；③项目法人的移民投资超概算现象严重，规划调整报告在现有的投资基础上，还需增加独立费、预备费等间接费用，项目法人自身仍存顾虑。

（4）竣工验收专题报告。针对实施阶段设计变更较多、较大的项目，以及移民规划调整报告编制难度大、难以在验收前达成共识或审批的项目，可编制竣工验收专题报告作为验收依据。

5.3.2.2 解决思路

目前对于是否应该在竣工验收前编制规划调整报告各方争议较大，规划报告＋设计变更和规划调整报告两种方式在解决移民安置验收依据方面均存在优劣势，因此，建议从不编制规划调整报告和编制规划调整报告两个方面来解决问题。

1. 不编制规划调整报告

（1）编制设计变更汇总报告加原规划报告方式。由设计单位在验收工作报告中明确验收的范围、任务、方案及资金等。该方案要求所有的设计变更均完成审批程序，由综合设计（设代）单位编制变更汇总成果，加上原规划报告。该方案优点在于节省了一些捆绑直接费的相关独立费用的概算调整，各方博弈点少，利于推进工作；缺点在于增加了综合设计（设代）的工作内容，特别是要求设计工作报告中明确验收的范围、任务、方案及资金等，缺乏有力的行政审批文件支撑。

（2）编制竣工验收专题报告。专题报告的定位不同于规划调整报告，它是规划报告和设计变更汇总报告的简单汇编，同时报省级移民管理机构进行审批后作为竣工验收的依据。方案二是在方案一优缺点的基础上进行的技术提升，同时也与当前工程截流、工程蓄水编制的实施方案专题报告一脉相承。

（3）地方政府出具承诺文件和补充说明等。针对时间长远，确实难以完成设计变更或难以补充完善资料的项目，地方政府出具承诺文件、补充说明等可代替变更文件作为验收依据，移民综合监理单位意见和独立评估意见也可作为竣工验收的重要依据。

2. 编制规划调整报告

为维护移民安置规划报告的严肃性，每个工程应只能开展一次规划调整。规划调整编制的时机应由地方人民政府和项目法人共同商量确定，规划调整报告应基于解决实施阶段对原规划报告进行了调整的内容，而不是对移民安置实施的简单包揽。建议对规划调整报告定位为两类：第一类是实施过程中必须进行规划调整，解决概算调整的问题；第二类是移民安置完成后为开展竣工验收进行的规划调整。

第一类规划调整报告编制后，在竣工验收前不得进行第二次规划调整，只能通过规划调整报告＋设计变更报告的方式解决验收依据。

第二类规划调整报告在编制过程中，应注重区分已履行审批程序的设计变更成果和超规划、超规模、超标准实施的移民任务和资金。

5.3.2.3 推荐方案

目前有关各方对于规划调整的认识不尽一致，原则上开展过规划调整的项目不得再次进行调整，这在一定程度上造成了规划调整的"唯一性"。竣工验收需要解决规划涉及的任务、方案和资金，采用专题报告的形式更有利于项目业主、地方移民管理机构等有关各方的沟通协调,推进工作。因此,本书推荐方案二,但移民规划调整报告作为收尾总结性报告仍然需要编制和审批,详见表5.5。

表 5.5　移民安置规划(规划调整)对验收的指导性推荐方案

处 理 方 案	优 劣 势 分 析	推荐方案
方案一:编制设计变更汇总报告加原规划报告	优点:沟通协调工作量小,利于推进工作。 缺点:增加了综合设计(设代)的工作内容,缺乏有力的行政审批文件支撑	方案二
方案二:编制竣工验收专题报告	优点:沟通协调工作量小,具有行政审批文件支撑。 缺点:项目业主需保障专题报告编制、审查等费用	
方案三:地方政府出具承诺文件、补充说明等	优点:符合实际,具有较强的可操作性。 缺点:需各方达成一致认可	
方案四:编制规划调整报告	优点:利于维护规划的严肃性。 缺点:沟通协调量较大,编审周期较长	

5.4　验收必备文件及范围关键问题解决思路

5.4.1　验收方式及必要性

5.4.1.1　背景分析

按照《中华人民共和国土地管理法》,工程建设必须获得工程建设用地使用权证。水电工程的建设用地规模一般较大,国家对其建设用地实行一次报批、分批征用的政策。现行的验收管理规定明确移民安置验收内容涉及建设用地手续办理。四川省在组织开展移民安置验收组建验收委员会时,将省自然资源厅、省林业和草原局作为了验收委员会委员单位,足以说明对手续办理情况的重视。

自然资源和林业部门作为行业主管部门,对建设用地的手续办理高度重视，对于未办理建设用地手续或实际与批复范围不符合规定的基本实行"一票否决制"。因此，客观上导致了建设用地手续办理成为影响工程竣工移民安置验收的制约性问题。竣工验收对手续办理情况需要重点关注以下几点：①永久使用土地的手续办理情况、批复面积与使用面积的一致性；②临时用地的手续办理情况、批复面积与使用面积的一致性、临时用地验收及移交情况等。主要有以下几个方面的问题。

1. 实物调查成果与土地批复的差异

实物调查的成果主要用于电站测算移民补偿投资，土地报件是国家对于土地资源管理的需要。移民对其经济利益的关注尤为重视，对土地的面积、类别进行现场界定，可以做到公开透明。目前，实物调查与土地批复两者的差异主要体现在以下两点：①地类，例如，四川的 MZJ 水库土地报件采用的是第二次全国土地调查的数据，移民补偿安置依据的实物调查数据，两者在林地、园地的界定上差异巨大，据现场复核，当地移民将林地基本都开垦为芒果园，因此造成园地的数量变化巨大，如不按照园地处理，难以开展工作；②面积数据，例如，四川的 JS 水电站先行征占枢纽工程相应施工区，后期报件时依据主体工程优化后的施工总布置成果，对枢纽工程区范围进行了缩减，人为造成了实物调查面积与批复面积的不一致；又如四川的 FY 航电移民安置实施后，江边土地自然损毁，后续土地报件未涉及该范围，而移民已将该区域进行了征用处理等。

2. 临时用地验收移交困难

（1）临时用地永久化。电站主体工程在办理国土手续时，为控制建设用地指标，顺利拿到土地手续，经常会调减永久用地的面积，施工中导致临时用地比规划增加。为妥善处理主体工程施工需要和当地政府的补偿需求，往往对上述需要永久使用但未办理征收手续的土地进行变通处理，即"只处理不征收"，土地从集体经济组织手里进行了征用，按年兑付补偿费用，但土地的权属仍为集体经济组织。同时，部分临时用地如进场道路、管理用房等，地方统筹利用意愿高，不愿意开展复垦。

（2）临时用地移交困难。临时用地的使用一般由项目法人管理，其复垦任务也由其承担。不少项目在复垦工作完成后，在与当地自然资源管理部门、集体经济组织开展验收时，经常会遭遇种种障碍，如沟渠、土坎等设计细节，土地肥力影响、细小砂石掺杂等。部分项目虽然通过验收，但集体经济组织仍拒绝接收，例如，浙江省的 SXK 水电站，由于移民对土地依赖性越来越低，移民倾向项目法人每年支付征用土地补偿费，接收土地后，这笔费用将停止，土地也将继续荒废。

5.4.1.2 解决思路

土地手续办理是做好移民安置工作的基础。但与此同时土地手续的办理与移民安置工作并不相互制约，土地手续是自然资源管理部门行政管理的需要。根据现行管理办法，各项移民单项工程均需要办理土地手续。而在实际工作中，集镇、居民点、公路等建设大部分未办理土地手续。调研过程中仅鲁地拉水电站，由业主统筹，将集镇、居民点和等级公路占地报件进行包揽，一并办理；但也存在部分遗留问题，如对居民点土地性质由农用地变为国有土地、占地指标费用无出处、在现行政策体系下难以操作等。因此，各方建议工程竣工移民安置验收不应重点关注土地手续办理情况，主体责任应由地方政府的主管部门负责。基于此，对移民安置验收是否需要检查手续，从以下两个方面提出解决思路。

1. 移民安置验收检查土地手续办理

移民安置验收只开展土地手续办理情况检查。由验收委员会成员会同技术验收专家自行检查土地手续办理情况，并在验收委员会报告中载明。

本方案有利于促进移民安置验收，但与此同时可能存在即使通过了移民安置验收，后期项目法人可能会因为涉及违法用地而面临经济罚款等问题。例如，青海的 BD 水电站在工程竣工移民安置验收时就出现了移民安置实物指标面积远大于土地批复面积的情形，验收委员会要求项目法人自行按规定完善超面积的土地报批程序。

2. 移民安置验收不检查手续办理

（1）土地专项验收作为工程的专项验收开展。土地批复是电站合法征地的基础，但具体实施中由于主体工程施工和地质条件的变化，可能会在已批复的范围内优化、调整用地面积，造成实际用地比批复的面积小的情形。因此，对于工程实际征收土地一般是以最终办理的不动产证登记面积为准。当前不动产证的办理必须在工程完成建设并竣工验收后，项目法人提出不动产登记申请，不动产登记机构受理后，对项目法人的建设用地情况进行查验，并且一般需要实地查看，查验合格后才会予以办理。从专业角度出发，不动产登记相较移民验收而言更为专业和严格。因此，由自然资源部门从前期审批到后期实施的检查和核实，比移民安置验收委员会出具的验收报告具有的法律效力更强。

基于此，从不动产登记角度出发，由自然资源部门针对土地使用情况开展专项验收，一方面可以避免移民安置验收不全面带来后期项目法人违规用地未被查实导致的验收风险；另一方面也会督促项目法人不动产证的及时办理，以避免工程建成后长期无证运行的问题。

（2）土地手续纳入主体工程验收内容。土地专项验收需要在现有的工程验收体系的基础上，增加专项验收类型。为避免与现行工程验收标准的冲突，本方案建议将土地验收纳入主体工程验收，这是基于工程建设而提出，特别是枢纽工程区的面积对项目法人的意义重大。工程验收一般在专项验收基本完成后组织，此时邀请自然资源、林业等行业部门一并听取各专项验收的开展情况，有助于自然资源、林业管理部门深入了解工程的总体情况，特别是实施过程中枢纽工程的设计变更影响的土地使用情况。同时，主体工程验收会议由工程所属的行业管理机构组织开展，如果土地、林地等批复或使用方面确实存在一些问题，也有助于行业管理机构安排项目法人限期整改，加快验收进程。

5.4.1.3　推荐方案

　　近年来，国家对土地的管理愈加严格。水利水电工程作为用地大户，应该义不容辞地规范和加强自身的用地管理。鉴于水利水电工程开发实际，特别是土地管理手段尚不发达的背景下，部分水利水电工程存在证件不全、违规开工、移民安置已全面完成的问题。从依法合规的角度，移民安置与土地手续息息相关，验收行为必须在法律的框架下开展。为此，本书推荐方案一，详见表5.6。

表5.6　　　　工程竣工移民安置验收的验收方式推荐方案

处　理　方　案	优　劣　势　分　析	推荐方案
方案一：进行土地手续办理情况检查，由验收委员会成员会同技术验收专家开展	优点：有利于加快移民验收。 缺点：不利于违法用地的发现	
方案二：新增土地验收作为工程的专项验收内容	优点：有利于征占用地的规范管理，违法用地更透明。 缺点：增加项目法人开展工程验收的验收内容	方案一
方案三：土地手续纳入主体工程验收内容	优点：有利于加快移民验收。 缺点：不利于工程验收的推进	

5.4.2　移民档案验收方式

5.4.2.1　背景分析

　　移民档案是移民实施管理工作不可或缺的历史记录，也是处理移民纠纷、行政复议等重要的佐证材料。2012年4月，国家档案局、水利部和国家能源局联合印发了《水利水电工程移民档案管理办法》（档发〔2012〕4号）。根据该管理办法，移民档案由各级移民管理机构、项目法人和相关单位按照各自职责与移民工作同步管理，移民档案包括移民安置前期工作、移民安置实施工作、水库移民后期扶持工作、移民工作管理监督、移民资金财务管理等方面，保管期限依据保存价值分为永久、30 年和 10 年。

目前各地移民档案基本纳入了移民安置验收内容，但普遍存在档案行政验收前置，导致工程竣工移民安置验收时需要派出专家组查看档案，并对档案分类的合理性、资料的齐全性提出意见，然后地方又以已完成档案验收为由不再整改，甚至部分工程存在移民验收前完成档案行政验收后，档案就移交给档案管理部门，竣工验收时难以查看等一系列问题。

5.4.2.2　解决思路

移民档案验收涉及完整性、准确性、系统性、规范性和安全性等方面的综合检查。档案管理部门对移民档案的类别不尽了解，一般按常规的档案检查其归档的规范性和保管的安全性。移民安置验收刚好可以弥补其移民的专业性，从各类档案包含的资料完成性、签章完整性等方面检查档案的完整性、准确性和系统性。为此，从促进档案和移民验收的有机结合角度出发，提出以下解决方案：

（1）移民档案和主体工程档案结合开展验收。

移民工作作为主体工程的有机组成，目前在档案管理上存在分裂的问题。移民管理机构保管着移民安置实施资料，项目业主保管着工程建设管理资料。按照《水利水电工程移民档案管理办法》（档发〔2012〕4 号）要求，移民安置完成后，移民安置实施资料应移交地方档案管理部门。移民安置验收后，移民管理机构应将移民安置工作实施主要过程和结果及资金管理等方面的档案复制件或扫描的电子文件（具体内容可通过合同、协议约定），提交给项目法人备查。项目法人将自身收集的移民档案并同接收的移民档案，统一纳入建设项目档案范畴进行管理。移民档案管理和主体工程档案管理结合开展，有利于后期建设项目档案的整理和归档。

（2）在现有验收内容上强化对移民档案系统完备性的检查要求。移民档案与移民安置同步验收，验收委员会组建时应包含档案管理部门。移民安置验收完成后，县级移民管理部门再行组织开展档案移交工作。

由于移民档案涉及的资料时间跨度大、种类繁多，为有效开展档案的检查工作，建议移民档案检查人员可先行开展现场检查，检查宜以抽查为主，同时档案检查除了县级移民管理机构自身形成的档案外，还要检查外部档案收集的全面性，如规划设计单位提供的设计、变更等成果，以及监督评估单位提供的监督评估报告和项目法人单位提供的手续等资料。有关各方在移民安置验收前，应将各自职责范围的档案资料及时报县级移民管理机构汇总。

（3）借鉴已验收电站的移民档案管理经验，充分发挥第三方技术单位力量。

根据调研结果和项目实例情况可知，云南省移民档案管理经验主要包括以下三个方面：①在项目前期邀请县档案管理部门参与移民档案管理，并按照相关要求进行分类管理；②移民档案可进行单独验收，有县级及以上政府档案主管部门验收结论的，可直接作为验收依据；③邀请第三方技术服务单位，由于本电站移民综合设计、监理、独立评估等技术服务单位具备熟悉项目情况、专业能力强、人员配置充足等优势，建议主要由本电站移民安置工作技术服务单位牵头进行档案清理。

移民档案管理费用来源主要包括以下两个方面：①实施管理费；②由项目法人另行支付。

5.4.2.3　推荐方案

根据上述分析及解决思路，提出以下工程竣工移民安置验收移民档案管理推荐方案，见表5.7。

对于移民档案验收侧重于档案的规范化管理，弱化了完备性的要求。项目法人在后期工程整体验收时，对档案也有一定的要求。基于此，从有利于工作移交的角度出发，本书推荐方案一。

表 5.7　　　　　工程竣工移民安置验收移民档案管理推荐方案

处 理 方 案	优 劣 势 分 析	推荐方案
方案一：移民档案和主体工程档案结合开展验收。 由项目业主会同县级移民管理机构组织档案管理部门、移民专家、档案专家等对移民档案进行验收，竣工验收采用档案验收结论	优点：利于档案规范和后期移交。 缺点：需项目业主统筹安排	方案一
方案二：在现有验收内容上强化对移民档案系统完备性的检查要求。 将档案管理部门纳入验收委员会成员单位，移民工作验收和档案验收同步进行	优点：有利于档案管理的规范化。 缺点：后期档案整改工作进度将影响验收进度	
方案三：借鉴已验收水电站的移民档案管理经验，充分发挥第三方技术单位力量	优点：邀请第三方技术服务单位参与移民档案管理，具备熟悉项目情况、专业能力强、人员配置充足等优势。 缺点：费用来源不明确	

5.4.3　移民资金审计必要性

5.4.3.1　背景分析

水电工程移民资金实行的是专项资金管理模式，未纳入财政预算管理体系。各省（自治区、直辖市）在管理方式上不尽一致，如浙江省的部分工程移民资金直接由项目法人拨付至县级政府管理机构；四川省的大型水电工程移民资金均由项目法人拨付至省级移民管理机构，中型水电工程移民资金由项目法人拨付至市级移民管理机构。

由于移民资金在各省（自治区、直辖市）的管理方式不一，验收中保证资金的效益就显得尤为重要。当前移民工作中，常常出现计划执行不到位、资金未按规划使用、移民资金他用等问题。现行的《水利水电工程移民安置验收规程》（SL 682—2014）中明确规定，对移民资金开展政府审计。政府审计具有一定的权威性，其结果作为移民资金的验收结论具有较强的说服力。但随着经济建设的快速发展和国家财政实力的不断提升，国家投入了很多财政资金和专项资金扶持各项事业的发展，由此也导致各级审计机关的审计任务越来越重。在无政策文件支撑的条件下，各级审计部门不愿意接手开展水电工程移民资金的审计工作。

截至 2022 年年底，移民资金审计权限和委托权限并未做明确规定，移民资金审计权限和委托可分为以下三种方式：①由省级移民主管部门局（如云南省搬迁安置办公室）和项目法人共同委托；②由项目法人单方面委托；③由市（州）单方面委托。在没有政府审计的情形下，各地为推进工程竣工移民安置验收对政府审计进行了一些变通，社会审计解决了资金审计的"有无"问题，但因其社会属性，产生了以下问题：

（1）对移民资金不熟悉导致审计范围有遗漏。水利水电工程移民行业较为小众，一般社会化的会计师事务所涉足较少。另外，由于受工程竣工移民安置验收时间紧、任务重，审计成果提交时间要求紧、审计人员本身对移民专项资金的认识不足等众多因素影响，审计人员只是对被审计单位提供的相关资料进行审计，缺乏主动发现的眼光，从而造成审计范围不全面。例如，四川省的 DS 水库涉及 1 市 2 县，项目法人为其中 1 个县的水务部门，项目法人委托审计单位后，审计单位仅对该县和项目法人的资金进行了审计，但漏审了使用资金的市级移民管理机构和另外 1 个移民县。

（2）审计内容及深度不够。外部审计单位开展审计仅仅停留在表面的会计账簿，对资金的拨付流程、资金的使用效益等方面基本未涉及，未体现出审计工作应有的广度和深度。

5.4.3.2 解决思路

移民资金作为一项特殊的专项资金，项目法人拨付至相应的移民管理机构后,实行"专户、专账、专人"保管。同时移民资金也是关乎移民安置效果、区社会经济恢复的重要经济保障,当前移民行业挤占、他用等情形时有发生,从确保移民管理的依法规范性角度出发,在竣工验收时全面开展移民资金的检查是非常必要的。由于当前移民政策中未明确规定移民验收应开展审计,本书从以下两个方面对是否需要开展移民资金审计提出解决问题思路。

1. 不开展资金审计工作

根据中华人民共和国审计署 2011 年 1 月发布的《政府投资项目审计规定》,审计机关应该根据法律、法规、规章和本级人民政府的要求以及上级审计机关的工作安排,按照全面审计、突出重点、合理安排、确保质量的原则,确定年度政府投资审计项目计划。审计机关对政府投资项目重点审计以下内容:①履行基本建设程序情况;②投资控制和资金管理使用情况;③项目建设管理情况;④有关政策措施执行和规划实施情况;⑤工程质量情况;⑥设备、物资和材料采购情况;⑦土地利用和征地拆迁情况;⑧环境保护情况;⑨工程造价情况;⑩投资绩效情况;⑪其他需要重点审计的内容等。

现行的法律、法规和规章均未要求对移民资金开展政府审计,且各级政府审计部门任务繁重,在没有政府的统筹安排下,不会接手审计工作。按照政府审计要求,当前的社会审计单位基本都没有实力按要求完成移民资金的审计工作(审计前专门开展移民专业培训的除外),由此造成"地方政府不审计、外部审计不专业"的尴尬局面。从验收角度出发,需要对移民资金的管理及使用情况进行检查。资金检查不一定需要审计单位开展,具有一定移民工作经验且熟悉财务管理的单位都可以承担。基于此,本书提出以下两个解决方案:

(1)由政府自行开展资金清核。各级移民管理机构是移民资金的使用主体,由移民管理机构自身开展资金清核具有较强的可操作性。同时,作为政府机构,上报上级机构的公文应保证内容的真实、可靠,弄虚作假的可能性低，也避免了外部单位查账的种种不便。因此，建议省级移民管理机构组织市、县级单位清理移民资金，形成资金拨付使用汇总成果，作为工程竣工移民安置验收的必备文件。

（2）由电站移民安置综合监理单位开展资金清核。移民安置综合监理单位承担着对移民资金的监督管理职责，由其对最终的资金拨付使用情况进行清核，并出具清核报告。该方案具有以下两方面的优势：①移民安置综合监理对各级移民管理机构的工作人员都较为熟悉，开展资金清核，工作配合上问题不大；②移民安置综合监理单位对本项目的规划任务及概算熟悉，通过账目清理，能够快速发现问题。但该方案缺点在于，开展资金清核工作需要配置必要的财务人员，并对相关账簿进行核对。

资金清核时，应全面覆盖使用移民资金的各级移民管理机构和项目法人，对照概算，建立概算拨付使用台账，梳理形成已完成项目清单、正在开展待结算项目清单、未启动项目清单、应收款清单、预付款清单等基础表格。

2. 开展资金审计工作

建议由省级移民管理机构公开招标确定审计单位，在审计前开展业务培训，并在审计工程全程指导审计工作开展。必要时，地方出台移民资金审计工作办法规范移民资金审计工作。在移民资金审计工作中，应重点关注移民资金审计的范围、审计内容、深度要求等。

审计单位提交的审计报告应满足移民资金审计资金全覆盖、审计年限全覆盖（审计开始到工程竣工移民安置验收完成），并在委托审计的合同中明确约定要求，需覆盖移民投资的全口径概算拨付、使用、结余情况，包括各级移民管理机构和项目法人。各级移民管理机构的资金审计，需要重点查看其协议资金的管理内容与其实际资金到位及管理的符合性、资金到位情况、拨付情况和使用情况等。项目法人自行使用资金的，应重点查看代建项目资金的管理使用情况、独立费用的管理使用情况以及有关税费的管理使用情况等。有关各方的资金使用应与概算、协议（合同）相一致，对于超概算、超标准实施的项目应说明缘由。同时，报告中还应该对竣工验收后尚需使用资金的项目、金额以及实际结余资金规模和管理单位等加以说明。

5.4.3.3　推荐方案

水电工程移民资金其性质为专项资金，在管理方面与财政资金有所差异。当前没有政策支撑必须由政府审计部门开展审计工作。由于移民资金规模相对较大，资金的流向、使用效益等是竣工验收关注的重点。因此，综合资金清理工作质量和工作进度，本书推荐方案三，详见表 5.8。

表 5.8　　　工程竣工移民安置验收移民资金审计推荐方案

处理方式	处 理 方 案	优 劣 势 分 析	推荐方案
不开展资金审计工作	方案一：移民管理机构自行组织资金清核，省级移民管理机构组织市县级单位清理后汇总形成资金拨付使用汇总成果，不再审计	优点：数据真实。 缺点：政府人力资源紧张，工作进展慢	方案三
	方案二：综合监理单位开展资金清核报省级移民机构审核，以清核代替审计	优点：清核质量较高、进度快。 缺点：对财务账簿的检查力度偏弱	
开展资金审计工作	方案三：移民管理机构公开招标确定审计单位，明确移民资金审计的范围、审计内容、深度要求	优点：清核质量高、进度较快。 缺点：耗时相对较长	

5.4.4　新增影响区处理

5.4.4.1　背景分析

水库蓄水具有周期性，对库周地质条件的影响也具有一定的时间累积效应。现行《水利水电工程移民安置验收规程》（SL 682—2014）中规定，竣工验收内容包括水库影响区处理情况及水库影响待观区变化情况。《四川省大中型水利水电工程移民安置验收管理办法（2018

年修订）》规定，工程竣工移民安置验收应具备的条件之一为"新增滑坡塌岸处理工作完成"等。水库的库岸稳定没有固定时限，在蓄水后的十年甚至几十年内，库岸失稳的情形仍时有发生，如锦屏一级水电站，水库分期蓄水后，先后造成五期新增影响区；二滩水电站运行至今，仍有新的影响区发生。

工程蓄水至工程竣工移民安置验收有一定的时间间隔，这期间发生新增影响区一般按照新增项目处理，开展相应的范围界定、实物调查、规划编制、移民安置实施等工作。因此，开展新增影响区的规范处理需要一定的时间。竣工验收关系到移民后期扶持的范围，一般竣工验收前已规划安置的移民应全部纳入后期扶持政策范围，但竣工验收后出现的新增影响区一般按地质灾害处理，其相关费用列入电站运行期成本。因此，新增影响区在竣工验收前处理与否关系到处理费用的来源以及相应范围的移民能否纳入后期扶持政策两个方面。

5.4.4.2 解决思路

新增影响区在竣工验收前是否完成处理，应该因工程而异，不能"一刀切"。有些工程建设期资金富余较多，在竣工验收前完成新增影响区的处理比较适合；有些工程建设期资金紧张，倾向于竣工验收后启动新增影响区的处理。为此，在解决新增影响区是否纳入验收范围时，应综合各项工程基本情况及影响区群众的生产生活情况进行判定。本书建议新增影响区应纳入工程竣工移民安置验收范围，但需以竣工验收时间进行划断。从竣工验收前完成处理和不完成处理两个方面解决问题。工程竣工前新增影响区处理费用纳入工程竣工移民安置验收，工程竣工后新增影响区处理费用纳入电站运行成本。新增影响区处理费用可先在规划设计调整报告中进行部分预留。后期，分期分批编制新增影响区专题报告，待审批后实施。

1. 竣工验收前完成处理

（1）竣工验收启动前的完成处理，竣工验收启动后新增的作为验收收尾工作。本方案考虑新增影响区的处理需要耗费一定时间，要求在竣工验收启动前已经审批的新增影响区按规划完成处理，在竣工验收期间发生的新增影响区，作为竣工验收报告下一步工作的要求，可不立即完成，但应在竣工验收委员会报告中做出后续工作安排。

本方案在维护移民合法权益的同时，不影响竣工验收的开展。竣工验收报告可以兼顾规划指标和实施指标，作为验收后开展后期扶持人口核定的依据。

（2）竣工验收会议前发生的新增影响区全部完成处理。本方案对于新增影响区的处理要求较方案一更为严格。在竣工验收会议前对已发生的新增影响区全部按规划完成处理，一旦出现新的影响区，可能导致已启动的验收工作推后。但该方案最大程度保护了移民的合法权益，对新增影响区范围的移民和县级政府是大为有利的。

2. 分期分批处理

竣工验收前不完成处理，即已审批新增影响区移民安置规划的完成处理，其他纳入运行期处理。本方案最大限度地保护了项目法人的利益，一方面可以顺利推进竣工验收；另一方面新增影响区的处理费用可以进入运行期成本，缓解建设期的投资压力。但对于未审批规划的新增影响区移民而言，丧失了移民后期扶持人口的资格，对移民自身的经济利益影响不大，需要县级政府做好政策的宣传解释工作。

5.4.4.3　推荐方案

新增影响区的处理一方面应维护影响区涉及移民的后期扶持利益，另一方面应满足移民安置验收工作的需要。考虑到新增影响区大概率发生在既定的影响区内，其影响范围、对象相对较小，处理周期较短。因此，本书推荐方案三，详见表5.9。

表 5.9　　　　工程竣工移民安置验收新增影响区处理推荐方案

处 理 方 案	优 劣 势 分 析	推荐方案
方案一：竣工验收启动前的完成处理，竣工验收启动后新增的作为验收收尾工作	优点：有利于解决后期扶持人口指标。 缺点：验收后移民工作存在"尾巴"	
方案二：竣工验收会议前发生的新增影响区全部完成处理	优点：有利于验收期间发生新增影响区的处理。 缺点：可能因新增影响区的处理进度影响验收进度	方案三
方案三：分期分批处理，已审批新增影响区移民安置规划的完成处理，其他纳入运行期处理	优点：有利于验收的推进。 缺点：不利于后期扶持政策的普惠	

5.5　验收内容及条件存在问题解决思路

5.5.1　农村移民安置验收难点

5.5.1.1　背景分析

农村移民安置是移民安置验收的重点。从现有的移民安置验收来看，主要存在以下两个方面的难点问题：

（1）集中安置点建设土地手续的办理。移民完成安置后，其相关的住房、土地、户籍、学籍等手续应按规定办妥，但由于地方政府实施组织的原因，部分工程出现了移民安置多年，但相关手续迟迟未办理的情形，这给移民生产生活带来了一些不便。

（2）移民生产生活水平的恢复。目前，由独立评估单位开展的生产生活水平恢复，既包含了其与本底调查情况的比较，也包含了与安置地居民生产生活水平的比较，覆盖了搬迁前后对比和有无搬迁的对比，基本能够反映实际。但从规划目标角度来看，规划水平年往往不是竣工验收年，规划目标一般早于竣工验收。因此，如何合理评价规划目标的实现情况需要进一步研究分析。

5.5.1.2　解决思路

1. 集中安置点手续办理

按照建设工程基本建设程序要求，建设工程在开工前应完成施工许可证的办理。办理施工许可证的基本要求就是已经办理工程用地批准手续。因此，从程序上分析，集中安置点的建设相关方面存在违规行为，按规定应该追究相关责任人的违规责任。

但移民安置是一项政治任务，在一些时间紧、任务重的工程里面，"边规划、边设计、边施工"的项目时有发生。对于验收而言，其重点应是检查规划的执行情况、移民安置效果，不宜过多关注程序上的内容。因此，本书建议对集中安置点的验收标准与其他移民单项工程一致，弱化对手续办理情况的验收，在档案检查时若发现确实存在问题，可以从档案管理角度提出问题。

2. 移民生产生活水平恢复

移民生产生活水平是个综合性指标，且各方关注度较高。因此，当独立评估单位已经做好对移民生产生活水平的跟踪评估后，对规划目标的评价可以从既有的跟踪调查数据入手，采用一些技术手段进行合理评估。

（1）将规划水平年的生产生活水平与规划目标进行对比评价。规划水平年一般定义在工程下闸蓄水年，从规划角度出发，应该已经完成规划的生产安置和搬迁安置任务。因此，将独立评估单位调查的规划水平年移民生产生活水平与规划目标进行比较，具有一定的合理性。本方案充分考虑了规划的指导性，缺点在于工程下闸蓄水年移民生产生活正处于恢复期，生产生活水平未必能达到规划目标值，评价结果可能会失真。因此，建议不单一使用，应辅以竣工验收年的指标一并解释说明。

（2）将竣工验收年的生产生活水平与规划目标的延长值进行对比

评价。竣工验收距离工程下闸蓄水验收至少五年，基本可以消除移民生产生活水平受搬迁安置的短期负面影响，加之后期扶持政策的落实，移民生产生活水平一般会得到有力的恢复。但与此同时，规划目标还处于工程下闸蓄水年的数值，不能直接进行比较。因此，需要参照当地居民生产生活平均水平的增长率，对生产生活水平的相应指标进行适当的延伸计算。由此可以看出，本方案结合了移民生产生活水平恢复的实际，使得评价结果更为真实可靠。

5.5.1.3　推荐方案

基于以上分析，本书推荐以下解决方案：

（1）关于农村集中居民点建设土地手续的办理，建议将农村集中居民点视为一般的移民单项工程，不着重强调建设用地手续的检查。

（2）关于移民生产生活水平的恢复，建议竣工验收时关注规划水平年恢复水平、竣工验收年恢复水平与本底年水平、实物调查水平进行多参数比较。

5.5.2　移民单项工程验收要求

5.5.2.1　背景分析

移民安置验收是综合性的验收，不能对其涉及的每一个事项开展细致的验收，大多采取的是在每个事项验收的基础上开展规划复核验收。因此，每个规划项目基本建设程序要求的验收都是必须要开展的。移民单项工程是移民安置工作的重要组成部分，涉及集镇和农村集中安置点的场平及基础设施、临时用地复垦、土地开发整理、交通工程复改建、电力工程复改建、通信工程复改建等。目前，移民单项工程验收存在以下几个较为突出问题：

（1）纯移民资金按规划建设的工程（不含其他渠道资金）。部分项目验收难，突出体现在四川省内的国省干道复改建项目。在前期规划及建设期间，地方交通管理部门参与较少，后期项目建成后，交通管理部门对已建设工程质量问题、后续运行费用来源等组织验收存在顾虑及畏难情绪。部分项目如外部供水、防护工程等验收后移交困难，这类项目一般与实施后地方政府没有可靠的运行费来源有关。主要原因是在项目规划前期进行方案比选时，未充分考虑到自身的经济财力，导致项目建成后不敢接手。

（2）移民资金包干的项目（有其他资金统筹）。移民资金包干项目集中在电力、通信等专业，这些项目实施基本按照行业规划执行，在规划计列的资金基础上，部分甚至提高了标准、调整了线路、扩大了规模，很难按照规划严格检查验收内容。一般对该类项目的检查重点是受影响区域和复建区域已按规划恢复的电力和通信设施等，复建的设施应不得低于规划水平，居民日常的生产生活水平不受影响。

（3）移民资金与其他资金整合（拼盘或分摊）的项目（不含包干项目）。该类项目也是竣工验收的难点，主要问题在于移民资金配套的比例决定了移民验收的方式。例如，一些移民资金过小的项目，不是主要投资渠道，只能是配套投资，投资规模大小决定了工程的建设进展和验收工作。还有一些以移民资金为主的项目，若其他配套资金未按计划到位，地方政府往往会以全部资金未到位为由，难以启动工程竣工验收。

（4）移民概算外支援地方发展的项目。支援地方发展项目是规划外的项目，一般未纳入移民安置验收范围。但对于其验收方式，目前尚无明确的规定。

5.5.2.2　解决思路

对于移民单项工程，现行的《水利水电工程移民安置验收规程》（SL 682—2014）要求移民单项工程完成竣工验收并完成移交，《四川省大中型水利水电工程移民安置验收管理办法（2018 年修订）》

要求专项设施建设全面完成并通过竣工验收。结合各地移民单项验收及移交工作的实际，按照项目类型的不同，建议对于移民单项工程的验收要求采取分类处理。

1. 纯移民资金按规划建设的工程（不含其他渠道资金）

（1）完成验收并移交。本方案维持现有的规定，确保竣工验收前遗留问题得到全面的解决和处理。对于因历史遗留问题难以移交的移民专项工程，建议尽量补充资料，压实责任，完善移交程序，尽快完成移交。

（2）完成验收，并恢复功能。本方案弱化了对移交的要求，由地方政府在竣工验收后自行解决处理。确实资金困难的，可以考虑申请库区基金、行业配套资金等支持。

（3）完成验收，恢复功能，并落实了运行维护主体。本方案增加了对运行维护主体的落实，确保竣工验收后工程正常的运行管理。根据调研结果和项目实例情况，移民单项工程一般由移民主管部门组织验收，同时邀请其他行业主管部门参与验收和第三方技术单位进行技术服务。验收完成后规模较大的移民单项工程移交至政府行业主管部门，规模较小的移民单项工程移交至所在乡镇。

2. 移民资金包干的项目（有其他资金统筹）

包干是指任务和资金双包干。对于包干项目，一般由行业管理部门或者权属单位与移民管理机构签署包干协议，宜按完成建设、已恢复功能进行验收。

3. 移民资金与其他资金整合（拼盘或分摊）的项目（不含包干项目）

对于移民资金为主的（移民资金占工程总投资大于50％），参照纯移民资金的工程进行验收。移民资金为辅的（移民资金占工程总投资小于50％），完成建设的以验收意见为准，未完成建设的由政府出具承诺书，明确建设完成时间。

4. 移民概算外支援地方发展的项目

建议不纳入移民验收范围，由项目法人会同地方政府自行研究制定验收办法。

5.5.2.3　推荐方案

移民单项工程的建设和管理关系到区的基础设施恢复，关系到区居民生产生活水平的提升。按照基本建设程序的要求，需要完善验收手续。考虑到一些移民项目存在资金整合（拼盘或分摊），本书建议按以下方案进行验收，详见表 5.10。

表 5.10　工程竣工移民安置验收移民单项工程的建设和管理推荐方案

序号	单项工程类型	建　议　方　案
1	纯移民资金按规划建设的工程（不含其他渠道资金）	完成验收并移交
2	移民资金包干的项目（有其他资金统筹）	由行业管理部门或者权属单位与移民管理机构签署包干协议，宜按完成建设、已恢复功能进行验收
3	移民资金与其他资金整合（拼盘或分摊）的项目（不含包干项目）	对于移民资金为主的（移民资金占工程总投资大于 50%），参照纯移民资金的工程进行验收。移民资金为辅的（移民资金占工程总投资小于 50%），完成建设的以验收意见为准，未完成建设的由单项工程的建设方出具承诺明确建设完成时间
4	移民概算外支援地方发展的项目	不纳入移民验收范围

5.5.3　企业处理验收要求

5.5.3.1　背景分析

企业处理是移民安置工作的重要组成，按照现行的验收规定，企业需要按规划进行处理，并办理相应手续。在实施阶段，企业的复改建是企业自主行为，部分企业因外部市场、项目法人自身意愿、政策限制等原因暂时不能开展复建，导致复建工作迟迟未完成，影响移民安置的竣工验收，如四川省的 LD 水电站涉及一家加气站，迁建新址数次调整，严重影响了移民安置总体进度；部分企业因未妥善处置好职工安置问题，造成信访事件时有发生，如四川省的 TZL 水电站某家单位拿到补偿资金后，未妥善安置职工，导致职工经常到当地移民管理机构信访，影响较为恶劣。

企业处理任务占据移民安置任务的体量总体较小，但因其处理协调难度大，常常成为影响工程竣工移民安置验收的制约性因素。如四川省的 AG 水电站移民安置虽然基本完成，但移民安置开展竣工验收的制约性因素就是一家企业的处理问题，从 2014 年蓄水至今，一直未达成一致意见。

按照现行的《水利水电工程移民安置验收规程》（SL 682—2014），企业处理分为防护处理、迁建处理和一次性补偿处理，《四川省大中型水利水电工程移民安置验收管理办法（2018 年修订）》要求企业迁建或补偿全面完成。防护处理的企业相对简单，防护工程完成后即可通过验收。目前实施阶段争议较大的为迁建处理和一次性补偿处理。迁建处理存在两种情形：①迁建处理受选址的因素影响进度滞后；②迁建处理受政策、外部环境、自身条件等因素影响，不再迁建。一次性补偿处理主要集中在权属单位对补偿标准争议较大，尤其是国有土地的补偿方面。

5.5.3.2　解决思路

企业处理实质性是移民安置实施的问题，因此从实施角度推动企业处理更有意义。本书按照不同处理类型，分类提出企业验收问题的解决思路如下：

（1）防护处理。采取防护处理的企业相对简单，按规划完成防护工程并通过验收即可。因此，建议验收参照移民单项工程处理，即完成建设并通过验收。

（2）迁建处理。对于迁建处理的企业，情形较为复杂。建议针对企业具体情况进行分析，对于有复建意愿和复建条件的企业，由企业出具承诺书按计划推进复建工作，迁建资金按企业迁建进度拨付企业；

对于有复建意愿但暂时不具备复建条件，正在考虑转产的企业视企业迁建进展情况拨付迁建费用，由企业出具迁建计划书报验收委员会；对于已不具备复建条件，且项目法人已决定不复建的，完善设计变更程序，按补偿处理。

对于采取继续迁建的企业，相应的迁建资金作为继续使用资金，不作为结余资金统计。

（3）一次性补偿处理。对于一次性补偿处理的企业，完成资金兑付即可视为处理已完成。

5.5.4　移民资金验收难点

5.5.4.1　背景分析

移民资金是移民安置工作重要的经济保障，在竣工验收环节，目前各方争议焦点主要在于两个方面：①剩余土地两费的处理；②结余资金的处理。

1. 剩余土地两费的处理

不同时期不同项目生产安置资金平衡方式和资金来源不同，导致部分项目生产安置完成后，土地两费没有结余；部分项目结余了大量的土地两费。剩余土地两费为集体财产，不同集体经济组织对于剩余土地两费的分配方式不同，由此也引发了区居民之间的攀比，产生误解与矛盾。例如，四川省的 JPYJ 水电站枢纽工程区和围堰区，根据国务院令第 74 号"包干到县（市），由县（市）统一安排"的原则进行生产安置平衡分析；库区和蓄水新增影响区，根据国务院令第 471 号和第 679 号"将补偿费直接全额兑付给集体经济组织"的原则进行生产安置平衡分析。移民生产安置结束后，随即启动了库区和新增影响区的剩余土地两费清理工作。经清理，部分村组土地两费无剩余资金，但另有部分村组剩余土地两费高达千万元，人均十几万元。因此，地方政府开展剩余土地两费的处置工作存在顾虑，这造成了竣工验收工作的长期停滞。

2. 结余资金的处理

结余资金是指移民安置规划的任务全部完成后剩余的移民安置补偿费用，主要包括移民单项工程决算后剩余的费用、招投标节省的移民安置综合设计、综合监理、独立评估费用等。按照现行的四川省资金管理规定，结余资金经县（市、区）移民管理机构申请，逐级上报，由与项目法人签订移民安置协议的移民管理机构审核，按年度计划管理，可用于本辖区解决移民安置遗留问题或改善移民的生产生活条件；贵州省明确结余资金主要用于移民遗留问题处理，支持实施经批准的库区和移民安置区基础设施和经济发展规划，以及库区和移民安置区重大自然灾害的应急处置等。

各工程结余资金规模不同，有些工程结余资金不足百万元，有些工程结余资金多达千万元。同时，由于现有结余资金的管理方不同，根据移民安置协议，项目法人、各级移民管理机构各自管理着自己的结余资金。这些结余资金是否继续由管理机构或者单位自行管理，还是进行归集体后统一管理尚无明确规定。

5.5.4.2　解决思路

1. 剩余集体土地两费的处理

（1）由村集体经济组织负责分配管理。根据《中华人民共和国土地管理法》，"农村集体所有的土地依法属于村民集体所有的，由村集体经济组织或者村民委员会经营、管理"。《中华人民共和国物权法》第五十九条规定，"农民集体所有的不动产和动产，属于本集体成员集体所有。下列事项应当依照法定程序经本集体成员决定：土地补偿费等费用的使用、分配办法"；因此，从法律层面讲，剩余土地两费的处置主体在于农村集体经济组织。

2021年7月，四川省出台了《四川省农村集体经济组织条例》，明确了农村集体经济组织的市场主体地位，准确界定了农村集体经济组织成员资格，明晰农村集体经济组织及其成员的权利义务，完善了农村集体经济组织收益分配制度。该条例第十五条规定，农村集体经济组织成员大会行使"决定土地补偿费等费用的使用、分配办法"等职权。为此，按照移民安置规划，根据土地管理法及相关法律法规，剩余土地两费的分配使用权归属于集体经济组织。因此，从验收角度出发，将剩余土地两费拨付至集体经济组织即可认为资金已拨付到位。至于剩余土地两费的具体使用分配方式，不宜纳入验收内容。建议剩余土地两费按照最小集体经济组织进行平衡，对剩余土地两费的验收标准定为资金拨付至集体经济组织。另外，根据调研结果和项目实例情况，云南省工程竣工移民安置验收时剩余土地费用由项目法人掌握，按照实际需求进行发放，不足费用由项目法人承担。

（2）按结余资金处理。由于规划中通过人口推算和预测指标补偿等，补偿补助资金可能出现补偿补助结余情况，这是合理的。土地补偿费用在完成生产安置后剩余的费用可以视为生产安置的结余资金。由于土地的集体性质，生产安置的结余资金使用应限定在集体经济组织内。因此，资金若有结余，建议项目法人不再收回该笔资金，而是将其用于移民生产生活水平提升和改善上。具体操作流程以云南省为例，由县级主管部门报资金使用方案，召集设计、监理及评估单位开会，由省级移民主管部门进行统筹，并征询项目法人意见，最后交由县主管部门实施。通过工程竣工移民安置验收后，移民工作与业主脱钩，由后期扶持资金进行衔接。

2. 结余资金的处理原则

结余资金的分配使用，应本着"尊重历史、激励先进、关乎移民"的原则，按照签订的移民安置协议，合理分配结余资金至县级移民管理机构、市级移民管理机构、项目法人和省级移民管理机构。一方面，可以激励使用移民资金的单位结合自身条件提高实施管理水平，有效控制粗放式资金管理模式，做到"精打细算"，每笔钱花在刀刃上，让每个移民资金使用单位切实感受到节省的好处；另一方面，也可以切实解决相关单位移民工作开展中遇到的各种遗留问题，如实施管理费可解决机关人员的差旅费用不足、技术培训费可解决干部学习培训费用缺口、项目结余资金可解决移民生产生活水平恢复相关的基础项目问题等。本书对结余资金的处理，提出以下两个方面的方案建议：

方案一：编制结余资金使用方案，经审批后实施。

本方案需在竣工验收前完成结余资金使用方案的编制，经省移民管理机构审批后实施。结余资金使用方案应明确项目资金和独立费的使用方向，严格控制项目资金统筹至独立费，独立费可统筹至项目资金使用。

方案二：按年度提出结余资金使用计划，经审批后实施。

本方案可在竣工验收完成后，由各级移民管理机构根据需要申请使用结余资金，年度进行管理。竣工验收时不需要提交使用计划，只需要明确各级移民管理机构和项目法人各自的结余资金规模即可。

5.5.4.3　推荐方案

由于集体剩余土地两费的规模与实施阶段集体经济组织开展的生产安置人口界定和平衡息息相关，从便于解决集体经济组织的实际问题角度出发，本书建议集体经济组织妥善处理，不再要求完成使用，但需将资金拨付至集体经济组织作为验收标准，由集体经济组织集体决策使用，即推荐方案一。对于结余资金的要求，维持现状，推荐方案一，详见表 5.11。

表 5.11　　　　工程竣工移民安置验收资金验收推荐方案

问题名称	建议方案	优劣势分析	推荐方案
剩余集体土地两费的处理	方案一：资金拨付至集体经济组织作为验收标准	优点：有利于验收，合法合规。 缺点：资金用途未落实，效益尚未发挥	

问题名称	建议方案	优劣势分析	推荐方案
剩余集体土地两费的处理	方案二：按结余资金处理	优点：有利于落实资金用途，保证资金安全。 缺点：与现行政策存在差异，缺乏政策支撑	方案一
结余资金处理原则	方案一：编制结余资金使用方案，经审批后实施	优点：有利于落实资金用途，保证资金效益，便于后期项目实施。 缺点：不利于验收后调整用途	方案一
	方案二：按年度提出结余资金使用计划，经审批后实施	优点：有利于资金使用效益的最大化。 缺点：实施周期长，不利于工作收尾	

5.5.5　后期扶持政策落实验收条件

5.5.5.1　背景分析

移民搬迁安置后即可申请后期扶持人口核定，享受后期扶持政策，扶持期限为 20 年。四川省对于生产安置人口在蓄水验收后实行一次核定，同时编报后期扶持规划，经审批后实施。《水利水电工程移民安置验收规程》（SL 682—2014）要求，工程竣工移民安置验收时已按规定执行移民后期扶持政策；《四川省大中型水利水电站工程移民安置验收管理办法（2018 年修订）》规定移民后期扶持政策已落实。后期扶持政策涉及人口核定、项目扶持、资金管理、规划管理、监测评估、绩效评价等方面。后期扶持已经成为移民安置的重要分支，目前规划、实施、管理、绩效评价等工作较为成熟，且后期扶持项目和资金按照财政资金进行管理，与在建工程的移民资金管理方式不同。

由此，造成工程竣工移民安置验收对后期扶持政策的验收缺乏要点，同时在建项目的有关各方与后期扶持项目的有关单位并不完全重合，导致相关单位在说明后期扶持政策落实情况时需要多方收集资料，且内容不尽全面。从工作深度及准确性而言，竣工验收检查内容均不及后期扶持监测评估报告。因此，有必要从移民安置规划角度，进一步深入研究后期扶持政策落实的具体检查内容。

5.5.5.2　解决思路

工程竣工移民安置验收对后期扶持政策最突出的影响就是后期扶持人口的核定。后期扶持人口的核定工作应在工程竣工移民安置验收前全部完成，后期扶持项目和资金管理与工程竣工移民安置验收的关系不大。为此，从移民安置规划执行角度，本书认为，后期扶持政策落实情况应检查以下两个方面：①后期扶持人口核定已全部完成，并做到了"应核尽核"；②后期扶持相关规划已按规定编制并审批。

5.6　验收组织和程序存在问题解决思路

5.6.1　验收组织

5.6.1.1　背景分析

水电工程移民安置验收分为自验和验收。其中，自验由县级人民政府组织，验收由省级移民管理机构按照省政府交办通知组织，自验和验收均由项目法人保障验收的工作组织。结合工程竣工移民安置验收实践，目前自验和验收工作组织的关键在于问题处理效率偏低。

自验由县级人民政府组织相关部门、项目法人、移民综合设计（设代）、移民综合监理、移民独立评估单位等开展验收，一般未成立专家组。由于各有关方均是移民工作的相关方，对验收的开展并未全面对照标准进行验收，部分项目存在"带病通过验收"现象。县级人民政府逐级报送至省级人民政府，省级移民管理机构组织开展验收时，成立了专家组，专家组开展现场检查时，通常会发现一些问题，这些问题的整改速度直接决定了验收会议的召开时间。例如，四川省的 GD 水电站在现场检查后历时近两年对问题进行整改，SPEJ 水电站在现场检查后历时半年对问题进行整改，导致启动自验到完成验收需要花费数年的时间。

5.6.1.2　解决思路

专家组作为独立第三方，对工程竣工移民安置验收的现场检查能够保持独立、客观的态度，其技术意见对于验收行政决策具有较高的参考意义。从促进验收组织的效率出发，本书提出以下两个解决思路：

（1）增设验收技术服务单位。鉴于移民工作从业单位及人员相对小众，已有的移民设计、监理、评估、咨询等有业绩的技术单位均有能力开展验收技术服务工作。与专家组的个人行为不同，由单位承担技术服务工作，能够保证服务的质量，避免验收中的服务风险。因此，建议项目法人委托独立的验收技术服务单位，验收技术服务单位全程配合验收工作开展，包括移民安置实施情况查验、移民档案核查、移民资金清核成果审核等，指导有关各方开展验收存在问题的整改，并指导开展验收汇编资料的编纂。例如，移民档案清理和资金清理工作，可充分发挥第三方技术服务力量促进竣工验收。调研时，云南省的龙开口、鲁地拉等项目均在项目初期就委托主体设计单位全面承担档案和资金清理归档工作，这主要是由于主体设计、移民安置综合监理等单位具备熟悉项目情况、专业能力强、人员配置充足等优势。

（2）技术服务贯穿于工程竣工移民安置验收全过程。技术服务与自验工作同步启动，发现问题，在自验环节予以整改。问题整改完成后，逐级报省级人民政府，省级移民管理机构按规定组织验收。如此操作可在很大程度上减轻行政部门之间办事延期的风险。

5.6.2　验收程序

5.6.2.1　背景分析

工程竣工移民安置验收实行自下而上申报验收，具体程序为：项目法人向县级人民政府申请验收；县级人民政府组织自验；自验通过后，逐级报省级人民政府；省级人民政府交办省级移民管理机构，省级移民管理机构按规定组织开展验收工作；验收通过后，省级移民管理机构回复验收办理情况。

结合目前的竣工验收实际，项目法人向县级人民政府申请验收后，往往因各种遗留问题的存在，县级人民政府在推动验收时积极性不高，部分项目甚至会"带病通过验收"，导致后续验收收口困难。

5.6.2.2　解决思路

从提高验收效率的角度出发，本书提出自上而下组织验收，即项目法人向与其签订移民安置协议的移民管理机构提出申请，移民管理机构向相应的人民政府报送验收工作计划。相应的人民政府审核后印发移民安置验收工作计划作为验收工作开展的依据，并将验收工作情况纳入各级政府的绩效考核范围。具体做法如下：①做好沟通协调，打消政府顾虑，以政府为主导推进验收工作；②省、州（市）移民主管部门预谋划、预统筹，在规划设计调整报告审查后，制定工程竣工移民安置验收计划，牵头组织编制工程竣工移民安置验收方案，统一工程竣工移民安置验收的方式和要求，有序推动验收工作。

5.7　验收管理存在问题解决思路

5.7.1　背景分析

截至 2022 年年底，四川省已完成竣工验收的电站为数较少，除了竣工验收本身的标准较高外（针对老项目），项目法人自身的积极性也不高。①项目法人和地方政府之间利益博弈在竣工验收环节难以平衡，竣工验收意味着移民安置工作的全面结束，一些遗留问题的处理各方往往各执己见，难以协调。同时一些地方以验收为借口，提出验收外支持地方社会经济发展的额外条件，项目法人难以全盘接受，两方之间存在利益博弈。②在面对竣工验收前需解决的资金缺口、移民信访等问题，项目法人普遍存在畏难心理，加之移民工作周期长，"新官不理旧账"，竣工验收是否开展对项目法人无实质性影响。

从地方政府角度出发，长期不竣工验收，移民一旦有诉求，移民工程出现任何质量问题，都可以诉诸项目法人解决，作为移民问题坚实的"出资方"，一旦竣工验收通过后，移民的各种问题必须由其自身想办法解决，程序多、效果差。同时竣工验收需查阅移民历史资料，若检查发现一些遗留问题，地方政府承担的责任就更重。

从设监评单位角度出发，由于移民工作基本完成，现场的驻点工作及日常的技术服务基本停滞了，偶尔有需要，相关方面会提前联系开展工作。相关技术服务费用大部分均已到位，少量尾款相比竣工验收期间大量的技术工作相比，显得不太重要。

从移民角度出发，工程蓄水发电获得了稳定的收益，作为移民应该被特殊对待，一些补偿政策更新、调整对其有利的，可以积极争取。同时，在生产生活恢复中存在的问题，可以积极向县级移民管理机构反馈，得到妥善处置。一旦竣工验收，意味着特殊身份的消失，地位上的优越感也将随之降低。

调和各方的利益冲突，建立利益相关方之间的利益共享机制，是解决水电工程竣工移民安置验收工作面临困境的治本之策，也是实现水电可持续开发和通过水电开发带动区域经济发展的前提与基本保证。

移民个人、地方政府和项目法人三者之间的利益博弈愈演愈烈，亟须研究完善水电开发共赢机制。近年来，移民安置投入费用不断增加，占整个移民项目的投资比例越来越高，客观上为移民安置提供了更大的资金支持，保障了移民工作的稳定开展。但随着社会经济发展、物价水平上涨、政策调整，移民个人诉求越来越多，地方政府对水利水电建设与地方社会经济发展结合的要求亦越来越高，移民个人补偿诉求、地方发展需求和项目法人的承受力三者之间的利益博弈愈演愈烈，造成移民投资大幅度增加。例如，瀑布沟、向家坝和溪洛渡等大型水电站移民投资不断上涨，甚至较可研审定投资翻了几倍，导致水电站经济指标明显下降。据初步了解情况，瀑布沟水电站移民投资由可研审批的 66.24 亿元增加为实施阶段的 257.91 亿元，增幅近 300%；向家坝水电站移民投资由可研审批的 151.95 亿元增加为实施阶段初步测算的 380 亿元，增幅超过 150%；溪洛渡水电站移民投资由可研审批的 77.79 亿元增加为实施阶段初步测算的 314 亿元，增幅超过 300%。在此情况下，移民个人和地方政府诉求如何响应，企业的社会责任如何更好体现，三方在资源开发利益上如何建立有效的共赢机制，亟待进一步探索和明确。

5.7.2 解决思路

（1）完善强制开展竣工验收的政策要求。按照《大中型水利水电工程建设征地补偿和移民安置条例》（国务院令第 471 号）的规定，移民安置达到阶段性目标和移民安置工作完毕后，省、自治区、直辖市人民政府或者国务院移民管理机构应当组织有关单位进行验收。目前，国务院尚未设置专门的移民管理机构，验收工作的主体为省级人民政府。国家能源局于 2015 年修订了《水电工程验收管理办法》，该管理办法规定了工程验收环节对移民安置专项验收的要求。部分地区如四川省、云南省和贵州省，为推动移民安置验收工作，参照水利部出台的《水利部关于印发〈大中型水利水电工程移民安置验收管理办法〉的通知》（水移民〔2022〕414 号）和《水电工程建设征地移民安置验收规程》（NB/T 35013—2013），出台了移民安置验收办法。现有的管理规定不可避免地侧重于验收的技术要求及行政组织，难以指导验收工作中存在的一些特殊问题的处理。考虑到已经客观存在建成的大量水电站急需验收的实际，需要从国家层面对当前移民安置验收中存在的问题出台专门的政策规定，理顺工作组织，指导验收工作开展。

建议国家或省级层面明确：大型电站全部机组投产发电后 5 年内完成工程竣工移民安置验收，中型电站全部机组投产发电后 3 年内启动工程竣工移民安置验收。

（2）完善移民竣工验收的技术要求。结合全国水电工程竣工移民安置验收工作实际，对移民安置验收技术标准进行技术修订，特别是完善目前影响竣工验收的制约性因素，从技术层面推动验收工作的开展。

（3）激励调度有关各方的验收积极性。移民安置验收关键在于地方人民政府和项目法人。激励实施方开展验收的积极性主要包括以下两个途径：①出台相关政策支撑，制定激励机制，提升各方工作积极性，如设置奖励规则，激励有关各方在验收工作中发挥各自的主观能动性，献计献策。奖励资金可从概算验收工作费用中按 5% 提取，由项目法人会同省级移民管理机构制定奖励规则。同时还可以设置精神奖励，对工程竣工移民安置验收推动工作表现突出的个人或单位，授予全省范围的移民工作单位和先进个人，给全省的移民工作者树立工作榜样，起到积极的导向作用。②省、市（州）政府及主管部门方面加强工程竣工移民安置验收的督导，将验收工作成效纳入各级政府绩效考核。

5.8　小结

本章主要根据关键问题评价矩阵，结合雅砻江流域、金沙江中游和其他相关流域在建及已建工程竣工移民安置验收存在问题分析表，按照问题清单的分析结果，梳理出 13 个工程竣工移民安置验收关键问题并对问题进行分类。从验收依据、验收必备文件、验收内容及条件、验收组织和程序、验收管理等不同角度出发，分别进行了背景分析，并提出了以下对策和建议：

（1）在验收依据方面。提出了采用分期分类处理方式来解决新老项目工程竣工移民安置验收工作的建议。

（2）在必备文件的齐备性方面。针对土地手续办理的验收，提出由验收委员会成员会同验收专家检查项目用地手续办理情况的建议；针对移民档案验收，提出了移民档案和主体工程档案结合开展验收，由项目业主会同县级移民管理机构组织档案管理部门、移民专家、档案专家等对移民档案进行验收，竣工验收采用档案验收结论的建议；针对移民资金审计，提出了移民管理机构公开招标确定审计单位，明确移民资金审计的范围、审计内容及深度要求的建议。

（3）在验收范围确定性方面。针对新增影响区处理，提出了分期分批处理，已审批新增影响区移民安置规划的完成处理，其他纳入运行期处理的建议。

（4）在验收内容和条件满足度方面。

1）针对农村移民安置验收难点问题，提出了以下两个方面的建议：①关于农村集中居民点建设用地手续办理，建议将农村集中居民点视为一般的移民单项工程，不着重强调建设用地手续的检查；②关于移民生产生活水平恢复，建议竣工验收时关注规划水平年恢复水平、竣工验收年恢复水平与本底年水平、实物调查水平进行多参数比较。

2）针对移民单项工程验收，提出了以下四个方面建议：①对于纯移民资金按规划建设的工程，建议完成验收并移交；②对于移民资金包干的项目（有其他资金统筹），建议由行业管理部门或者权属单位与移民管理机构签署包干协议，宜按已完成建设、恢复功能进行验收；③对于移民资金与其他资金整合（拼盘或分摊）的项目（不含包干项目），对于移民资金为主的（移民资金占工程总投资大于50％），参照纯移民资金的工程进行验收。移民资金为辅的（移民资金占工程总投资小于50％），完成建设的以验收意见为准，未完成建设的由单项工程的建设方出具承诺明确建设完成时间的建议；④针对移民概算外支援地方发展的项目，建议不纳入移民验收范围。

3）针对企业处理验收，建议按照不同处理类型分类提出企业验收，主要解决思路如下：对于采取防护处理的企业，建议验收参照移民单项工程处理，即完成建设并通过验收；对于迁建处理的企业，情形较为复杂，建议针对企业具体情况进行分析；对于有复建意愿和复建条件的企业，由企业出具承诺书按计划推进复建工作，迁建资金按企业迁建进度拨付企业；对于有复建意愿但暂时不具备复建条件，正在考虑转产的企业视企业迁建进展情况拨付迁建费用，由企业出具迁建计划书报验收委员会；对于已不具备复建条件，且项目法人已决定不复建的，完善设计变更程序，按补偿处理。对于采取继续迁建的企业，相应的迁建资金作为继续使用资金，不作为结余资金统计；对于一次性补偿处理的企业，完成资金兑付即可视为处理已完成。

4）对于移民资金验收，建议集体经济组织妥善处理，不再要求完成使用，但需将资金拨付至集体经济组织作为验收标准，由集体经济组织集体决策使用，而对于结余资金的要求，维持现状。

5）针对后期扶持政策落实，建议后期扶持政策落实情况应检查以下两个方面：①后期扶持人口核定已全部完成，并做到了"应核尽核"；②后期扶持相关规划已按规定编制并审批。

（5）对于验收组织和程序方面。提出自上而下组织验收，即项目法人向与其签订移民安置协议的移民管理机构提出申请，移民管理机构向相应的人民政府报送验收工作计划。相应的人民政府审核后印发移民安置验收工作计划作为验收工作开展的依据，并将验收工作情况纳入各级政府的绩效考核范围。对于验收管理，则提出三个方面建议：①完善强制开展竣工验收的政策要求；②完善移民竣工验收的技术要求；③激励调度有关各方的验收积极性。

第6章

结 论 与 建 议

本书通过梳理国家相关法规政策规定、行业相关要求以及地方有关规章等，以雅砻江流域和金沙江流域典型大中型水电工程为例，从验收依据、必备条件、验收范围、验收内容和条件满足度以及验收组织和程序合规合理性方面，分析了制约水电工程竣工移民安置验收工作推进的关键问题，并提出了相关对策及建议。

6.1　结论

通过对工程竣工移民安置验收中存在的主要问题进行深入分析，归纳提出存在的主要问题如下：

（1）在验收依据方面，主要存在移民安置实施过程中变更项目多，部分项目难以达到或不能达到现行规定的竣工验收依据等问题。

（2）在必备文件的齐备性方面，主要存在竣工验收前部分项目未及时编制移民安置独立评估工作报告、各方编制的工程竣工移民安置验收工作报告数据及文字描述存在差异、移民安置资金审计报告委托不及时等问题。

（3）在验收范围确定性方面，主要存在对新增影响区是否纳入竣工验收范围的判定条件、是否分期纳入竣工验收范围不明确，以及整合（拼盘或分摊）资金使用项目是否纳入验收范围无相关规定等问题。

（4）在验收内容和条件满足度方面，主要存在以下问题：①在农村移民安置及验收方面，问题主要集中在生产安置、搬迁安置、个人补偿补助费用兑付及临时用地复垦等方面；②在迁建城市集镇及其他移民单项工程建设及验收方面，问题主要集中在单项工程竣工验收存在现实困难，以及项目运行管理费导致地方政府竣工验收积极性不高等方面；③在企事业处理方面，问题主要包括部分一次性补偿企业难以达到验收标准、行业周期变化、企事业单位处理方式未按审定规划实施以及企业超规划费用处理困难等；④在移民资金拨付及使用管理方面，主要存在集体剩余土地两费未按规定进行分配使用、移民资金管理使用不规范等共性问题，以及项目法人未按协议要求拨付资金、移民个人补偿补助费用未按规划全面兑付到位、集体财产补偿费用未按规划拨付到位、移民单项工程未按规定进行财务决算、设计变更或规划调整审批后未及时签订移民安置补充协议等个性问题；⑤在移民档案建设和管理方面，主要存在移民档案存在建设与管理不到位、不系统等问题，移民档案归档存在支付凭证存档后查询不便、移民档案等资料不规范、缺少目录等问题。

（5）在验收组织和程序合规合理性方面，部分项目在阶段性移民安置验收工作中（特别是自验）存在参与单位不尽明确的现象，即尚未充分结合项目特点和工作需要明确参与移民安置验收工作的单位组成，造成部分单位工作任务不明确，工作落实不到位、部分工作费用不明确等问题。

6.2　建议

根据上述结论中提出的问题，结合国内及雅砻江流域在建及已建工程竣工移民安置验收现状，分别进行了背景分析，并提出了以下对策和建议：

（1）在验收依据方面。从依法依规、尊重历史实事求是出发，提出分期分类处理解决新老项目工程竣工移民安置验收工作的建议。

（2）在必备文件的齐备性方面。

1）针对用地手续的验收，提出由验收委员会成员会同技术验收专家检查项目用地手续办理情况的建议。

2）针对移民档案验收，提出了移民档案由项目业主会同县档案管理部门验收，竣工验收时采用档案验收结论的建议。

3）针对移民资金审计，提出了引进第三方机构开展审计。明确审计的范围、内容及深度要求的建议。

（3）在验收范围确定性方面。针对新增影响区，提出了按审批、未审批分类处理的建议。

（4）在验收内容和条件满足度方面。

1）针对农村移民安置验收难点问题，提出了以下两个方面建议：①建议将农村集中居民点视为一般的移民单项工程，不强调用地手续的检查；②建议竣工验收时关注规划水平年、竣工验收年的生产生活恢复水平与本底年水平、搬迁前水平进行多参数比较。

2）针对移民单项工程验收，提出了以下四个方面建议：①纯移民资金建设的项目，建议完成验收并移交；②移民资金包干的项目，建议由行业管理部门或者权属单位根据包干协议按已完成建设、恢复功能并进行验收；③移民资金与其他资金整合（拼盘或分摊）的项目，移民资金为主的（移民资金占比大于50%），参照纯移民资金的项目进行验收。移民资金为辅的（移民资金占比小于50%），完成建设的以验收意见为准，未完成建设的由单项工程的建设方出具建设完成的承诺；④支援地方发展的项目，建议不纳入验收。

3）针对企业处理验收，建议按照不同处理类型分类提出企业验收，主要解决思路如下：对于采取防护处理的企业，建议验收参照移民单项工程处理，即完成建设并通过验收。对于迁建处理的企业，建议针对企业具体情况进行分析；对于有复建意愿和复建条件的企业，由企业出具复建完成承诺书；对于有复建意愿但考虑转产暂时不复建的企业，由企业出具迁建计划书；以上两类企业按费用兑付完成即可；对于补偿处理企业，按补偿兑付完成处理。

4）对于集体经济组织资金验收，建议将资金拨付至集体经济组织作为验收标准。

5）针对后期扶持政策落实，建议后期扶持政策落实情况应检查以下两个方面：①后期扶持人口做到了"应核尽核"；②后期扶持相关规划已按规定及计划编制。

（5）对于验收组织和程序方面，提出自上而下组织验收，即项目法人向与其签订移民安置协议的移民管理机构提出申请，移民管理机构根据项目移民安置完成情况，编制验收工作计划报同级人民政府审核印发，验收工作纳入政府绩效考核。

参　考　文　献

［1］　傅秀堂.水库移民工程［M］.北京：中国水利水电出版社，2005.

［2］　张谷，刘焕永，陈彦，等.中国水利水电工程移民安置新思路［M］.北京：中国水利水电出版社，2016.

［3］　李丹，郭万侦，刘焕永，等.中国西部水库移民研究［M］.成都：四川大学出版社，2010.

［4］　曾建生.水利工程移民专业化管理研究［D］.南京：河海大学，2007.

［5］　沈昂儿，祁昕.浅谈大中型水利水电工程移民安置验收［J］.水力发电，2020，46（7）：8－10.

［6］　吕元龙.小浪底水利枢纽工程移民安置研究［D］.郑州：郑州大学，2014.

［7］　朱东恺.水利水电工程移民制度研究［D］.南京：河海大学，2005.

［8］　郑萍伟，李家明，苟艾劼.云南省水电工程移民安置竣工验收探究［J］.水利规划与设计，2023（4）：67－70.

［9］　滕祥河，李春艳，文传浩.新中国成立70年来中国特色水利水电工程移民理论的演进阶段、逻辑及取向［J］.中国农业大学学报（社会科学版），2019，36（5）：34－44.

［10］　李彦强.对"十四五"时期水库移民工作的若干思考［J］.水利发展研究，2021，21（4）：28－31.

［11］　马学德.青海省水电工程移民安置问题研究［D］.西宁：青海师范大学，2022.

［12］　张晓晨，黄莉，陶钰敏.云南省水工程库区和移民安置区建设效果评价［J］.人民长江，2019，50（7）：211－216，222.

［13］　吕志均，方亮.脱贫攻坚期水利水电工程移民安置工作的思考［J］.人民长江，2019，50（S1）：337－341.

［14］　朱泳.水电工程移民安置独立评估研究［D］.郑州：华北水利水电大学，2021.

［15］　安可君，方向前，赵培双，等.澜沧江流域水电开发征地移民工作探索与创新［J］.人民长江，2020，51（10）：197－200，214.

[16] 尹忠武，杨荣华．水利水电工程移民后续发展帮扶研究——结合三峡后续工作规划的实践探讨［J］．人民长江，2019，50（4）：212-216．

[17] 邓益，汪奎，张江平，等．大型水电工程移民安置竣工验收的若干思考［J］．水力发电，2019，45（9）：1-5．

[18] 胡斌．某水利水电工程移民安置验收存在问题的思考与建议［J］．广东水利水电，2019（1）：66-68，72．

[19] 胡少翔．水利水电工程移民档案管理研究［D］．郑州：华北水利水电大学，2020．

[20] 李芳．对大中型水利水电工程移民档案现状引发的思考［J］．山西水利科技，2019（1）：90-92．

[21] 赵静，卢陈涛．水利水电工程移民调产安置规划与实践——以宁波市葛岙水库工程移民安置为例［J］．人民长江，2022，53（3）：225-229．

[22] 汪奎，丁小珊，蒋婷婷，等．水利水电工程农村移民生产安置的思考［J］．人民黄河，2022，44（S1）：154-155，159．

[23] 洪金山，刘莹莹．大中型水利水电工程移民安置竣工验收难点工作探讨［J］．西北水电，2019（6）：34-37．

[24] 侯怡红．云南水电工程项目移民资金使用财务效率研究［D］．昆明：云南大学，2015．

[25] 罗用能．我国水利水电工程移民安置主题变迁［J］．武汉理工大学学报（社会科学版），2013，26（6）：994-999．

[26] 聂娜．浅析水电开发中的移民安置问题［D］．北京：清华大学，2013．

[27] 黎爱华，张鹤，张春艳．水利水电工程移民稳定问题对策研究［J］．人民长江，2010，41（23）：53-58．

[28] 尹忠武，袁永源．长江三峡工程移民规划设计［J］．水力发电学报，2009，28（6）：26-31．

[29] 程鹏立，李红远．水利水电工程移民安置社会评价研究［J］．中国农村水利水电，2009（4）：119-123．

[30] 吴立恒．北盘江董箐水电站移民安置竣工验收关键问题解决对策及启示［J］．珠江水运，2023（5）：87-90．

[31] 梁福庆．移民工程验收工作研究［J］．人民长江，2008，20：74-76．

[32] 袁松龄，朱东恺．我国水利水电工程移民问题分析与思考［J］．水利水电科技进展，2005（3）：1-4．

[33] 曹生国．水电工程移民安置过程与问题［J］．云南水力发电，2022，38（1）：22-27．

[34] 韩浩．抽蓄电站移民安置阶段性验收工作探讨［J］．东北水利水电，2021，39（8）：57-58．

[35] 陈国志，汤正超，王文林. 功果桥水电站移民安置竣工验收工作实践 [J]. 云南水力发电，2020，36（2）：19-23.

[36] 陈超，张星，曹靖夫. 水利工程征地移民安置验收研究 [J]. 水利科技与经济，2020，26（3）：52-56.

[37] 朱兆才，冯峻林，谢强富，等. 大型水电工程移民安置实施规划探索与实践 [J]. 水力发电，2006（11）：35-36.

[38] 张君伟. 水利水电工程移民安置项目后评价研究 [D]. 南京：河海大学，2006.

[39] 徐斌. 四川省中型水电站征地移民竣工验收实践探讨 [J]. 四川水力发电，2019，38（1）：96-98.

[40] 翟于乐，周广成，谭钧仁，等. 浅析移民单项工程竣工验收中的问题及处理措施——以黄河拉西瓦水电站为例 [J]. 水电站设计，2020，36（4）：59-63.

[41] 包广静，杨子生，陶文星，等. 大型水电工程移民人口影响研究 [J]. 水电能源科学，2008（2）：107-108，31.

[42] 余文学，李波. 新时期移民工作的政策保障 [J]. 中国农村水利水电，2008（4）：117-119.

[43] 李光华，宋平，李继红. 探讨工程进度控制技术在移民安置进度控制中的应用 [J]. 水力发电，2020，46（7）：60-63.

[44] 李会甫，冯宏伟，曹振飞. 水电工程移民安置实施阶段移民管理体制探讨 [J]. 水力发电，2020，46（7）：27-30.

[45] 李玮，沈爱华，闫俊义. 水利水电工程移民政策及新形势下优化移民工作建议 [J]. 水利发展研究，2019，19（8）：40-44.

[46] 石昕川，杨洲，何生兵. 水电工程移民逐年货币补偿安置方式差异及完善 [J]. 水电能源科学，2017，35（4）：161-165.

[47] 汪奎，杨胜，刘焕永，等. 水利水电与其他行业征地补偿及移民安置政策对比 [J]. 水力发电，2016，42（7）：16-19.

[48] 杨洲，徐静，邹正，等. 水利水电工程农村移民生产安置对象及标准探讨 [J]. 人民长江，2016，47（S1）：188-190.

[49] 包广静，吴兆录. 西南少数民族地区大型水电工程移民人口影响研究——以怒江为例 [J]. 水力发电学报，2009，28（6）：162-165，218.

[50] 晏志勇，张一军. 我国水电开发与移民安置 [J]. 水力发电，2005（1）：1-4.

[51] 汪小莲，黄启新. 隔河岩水库移民安置规划与实施 [J]. 人民长江，1995（11）：27-32.

[52] 赵彪，郭琦. 水电工程农村移民生产安置若干问题思考 [J]. 中国农村水

利水电，2007（12）：99-100，104.

［53］ 任爱武.基于递阶层次结构的水电工程移民工作难点研究［J］.人民长江，2021，52（2）：201-205.

［54］ 王斌，张一军，彭幼平.改进移民安置规划设计适应新的移民法规政策环境［J］.水力发电，2007（12）：1-4.

［55］ 潘罗生，蒋锦华.龙滩水电工程征地移民工作的体会［J］.水力发电，2007（4）：75-76，81.

［56］ 李湘峰，郭万侦，刘玉颖.水电工程移民安置方式创新研究及未来工作展望［J］.水力发电，2020，46（12）：1-3.